全国高校标准化工程系列教材

U0183150

食品标准化

刘 欣 主 编

聂爱轩 杨慧娟 卢立志 马艳粉 副主编

ZHEJIANG UNIVERSITY PRESS
浙江大学出版社
·杭州·

图书在版编目 CIP 数据

食品标准化 / 刘欣主编 . -- 杭州 : 浙江大学出版
社，2023.6
ISBN 978-7-308-22583-0

Ⅰ.①食… Ⅱ.①刘… Ⅲ.①食品标准—教材 Ⅳ.
①TS207.2

中国版本图书馆 CIP 数据核字（2022）第 075776 号

食品标准化

SHIPIN BIAOZHUNHUA

刘　欣　主编

策划编辑	李　晨
责任编辑	李　晨
责任校对	杨　茜
封面设计	周　灵
出版发行	浙江大学出版社
	（杭州市天目山路 148 号　　邮政编码 310007）
	（网址：http://www.zjupress.com）
排　　版	杭州林智广告有限公司
印　　刷	广东虎彩云印刷有限公司绍兴分公司
开　　本	787mm×1092mm　1/16
印　　张	12
字　　数	262 千
版 印 次	2023 年 6 月第 1 版　2023 年 6 月第 1 次印刷
书　　号	ISBN 978-7-308-22583-0
定　　价	42.00 元

编 委 会

联 盟 简 介

　　全国标准化专业教材建设联盟于 2019 年 11 月 11 日在杭州成立，是由我国开设标准化相关专业的高校和致力于标准化事业的社会组织等自愿结成的非法人、非营利性的组织，组建时有 7 家成员单位，现已扩展至 13 家。联盟的宗旨是发挥各高校标准化教育工作的优势，加强标准化教育的交流合作，联合开展标准化课程体系建设、教材开发、网络学习平台开发等工作，实现教学和实践资源的共享共建，推进我国标准化专业教材的建设，促进标准化学科建设，提升标准化工程专业在全国高等教育中的影响力。

参 编 院 校

中国计量大学　广东开放大学　济南大学
中北大学　大理大学　聊城大学

前　　言

随着食品生产和贸易的发展，以及人们生活水平的不断提高，我国对食品质量、安全和食品标准化工作提出了更高、更新的要求。党的二十大提出要构建全国统一大市场，明确将食品安全纳入国家安全、公共安全统筹部署，要求强化食品药品安全监管。食品安全是关乎人民健康的大事，而食品标准化是食品安全的重要保障。为了加快我国食品行业的发展，进一步提高食品生产企业标准化意识，提高食品标准化从业人员的专业水平，在《中华人民共和国食品安全法》(2021年4月29日修订) 的基础上，我们编写了本教材。

标准化专业高等教育的发展，不仅需要一批高素质的教学科研人才，而且需要较为完善科学的教学体系，以及一批高水平、高质量的教材和教学辅助资源。为此，我们希望集全国各相关高校之力，共同编写一套高起点、高质量的用于培养标准化专业人才的教材。

同时，也为了满足社会不同群体对标准化知识学习的需求，我们组织编写了这本《食品标准化》，本书可作为高等院校标准化工程专业人才培养的专业用书，其他专业可作为参考。

本教材主要分为五章：第一章标准化基础知识、第二章食品标准化基本概念、第三章国际食品标准、第四章国外食品标准、第五章我国食品安全标准。

在本教材的编写过程中，中国计量大学和浙江省农业科学院的主要人员共同参与了编写。其中，主编刘欣负责全书的统稿以及第一章、第二章的撰写工作，副主编聂爱轩、杨慧娟、马艳粉负责第三章、第四章和第五章的起草。浙江省特级专家、浙江省农业科学院首席专家卢立志研究员指导本书的编写工作，并参与了食品安全风险评估内容的编写工作。同时也向给予本书大力支持的其他人员一并表示感谢。

由于编者知识水平的局限，书中难免存在疏漏与不妥之处，恳请专家和读者批评指正。

编者
2023年6月

目　　录

第一章　标准化基础知识

标准化以其久远的存在历史和短暂的科学化发展历史呈现于世人面前，并且在科学技术特别是信息技术日新月异和全球化快速发展的当代得到越来越多的重视。标准化在破除贸易壁垒、提升国家竞争力等方面扮演着越来越重要的角色。本章从体验感知和多维认知角度引导读者领悟标准化的内涵，梳理标准化的历史发展阶段及特点，让读者由远及近地体会和认识标准化的发展。

◆❖ 学习目标

1. 能够从感性和理性两个维度理解标准化的内涵。
2. 能够掌握并简单描述标准化的作用及意义。
3. 理解并掌握食品标准化发展的历程及作用。

第一节　标准化的认识及影响

一、标准化的存在与感觉

在日常生活中提及标准化，似乎会让人觉得这是一个陌生和玄妙的概念，甚至许多从事标准化工作的劳动者也没有意识到自己的劳动过程与标准化存在着千丝万缕的联系。实际上，生活离不开标准化，标准化引导着生活，标准化在一切有人类智慧和活动的地方都存在。

标准化具有无形性，是一种意识形态和思考方式。我们平时常说的"道德底线""行为约束""生长规律""交流方式"等，这些都是在人类漫长演变中逐渐达成的一种默契、形成的一种标准。这种标准化过程是一种由发散到收敛统一的过程。只要事物的发展规律决定了其必然要发展到一种确定的稳定状态，那么一旦外界条件成熟，它就必然会朝着这个确定的稳定状态趋于统一。倘若失去这类无形的标准化，最直接的后果就是失去人与人相互交流的能力。

标准化具有有形性。以随处可见的矿泉水为例进行简单说明：瓶身上的各项标签内容就是标准化的一种体现，因为它必须严格遵循 GB 7718—2011《食品安全国家标准 预包装食品标签通则》。同时，作为标签内容之一的"产品标准代号"所标示的产品执行标准与上述 GB 7718—2011《食品安全国家标准 预包装食品标签通则》具有相同性质，它们都属于标准文本范畴。同一品牌同一批次的矿泉水，通常其各项理化指标相同，这也是标准化的一种体现，它们都属于按照同一技术标准生产得到的标准产物。设想一下缺少了标准约束的生活：当我们给手机、电脑充电时，发现插头与插座的插孔形状不一样；当消费者按照某一尺码购买衣服时，发现完全不合身；当消费者以相同的价格买到同一产品时，发现分量相去甚远……

没有意识的标准化，我们的生活混沌无序；没有物质的标准化，我们的生活举步维艰。有标准化的社会和无标准化的社会是两个世界，一个是思想、物质丰富的现代社会，一个是愚昧无知、衣食不保的原始社会。选择标准就是选择了人类进化，选择标准化就是选择了社会进步。①

二、标准化的哲学认识

先对以下概念进行认识："哲学"是关于事物之间普遍联系的科学；"标准化"是人类认识世界、改造世界的实践活动；"标准"则是事物（包括人的行为）之间具体联系的反映。从实践论角度来看，标准的研发过程就是一个实践、认识、再实践的过程。首先，标准的制定需求源于实践；其次，标准的编制过程是对标准化对象深入认识的过程；最后，完成的标准又是一个指导实践的载体。②同时，标准从研发阶段到实施阶段再到修订阶段的全周期也是一个实践、认识、再实践的过程，与之不同的一点在于，全周期的认识过程是对标准效用的认识。从辩证角度来看，标准化工作在诸多方面都体现着对立统一的规律。

首先，标准化与多样化存在对立统一关系。标准化是对于建造参数指标而言，而多样化追求的是对建设的外观设计。标准化虽然在一定程度上减少事物的多样化，但通过标准化中的模块化、组合化，又可以丰富事物的多样性。

① 麦绿波.标准化的存在感觉与影响[J].标准生活，2012（2）：54-56.
② 王宝友.标准化工作的哲学认识[J].标准智库，2014（4）：54-57.

其次，标准化对象与标准之间具有相互作用。标准是对标准化对象的约束，但这种约束是在某一段时间里有效的，具有相对稳定性，因为随着人们思维方式的演变、科学技术的发展，标准化对象是动态变化的。所以，标准就要随着标准化对象的发展而调整。

最后，标准的公开性与标准技术的专利性是对立统一的。对立的根源是专利权人的个人权利、私人利益与标准所体现的社会公共权利、公共利益之间的对立与冲突。但因为相关法律法规对私权的保护及私权所有者将私权纳入标准的主观意愿，以上两方面的客观基础使标准的公开性与专利性统一存在。

三、标准化的多维度认识

标准化向来不是一项单独的工作，也不是一次性的过程，它针对特定的对象而产生，结合专业的知识而进行，随着社会的发展而演变，迎合人们的需求而提升。因此，对标准化的认识要从多个维度进行，包括主体认识维度、学科认识维度、作用认识维度、地位认识维度等。

首先，从标准化主体维度认识标准化。针对目前我国的标准分类，有国家标准、地方标准、行业标准、团体标准、企业标准五类标准，标准化制修订主体包括行政主管部门、企业、社会团体、消费者和教育、科研机构等。在标准化过程中，上述各个主体基于各自职责或需求的差异，关注的角度也不尽相同，为标准化结果的多样性、有效性、科学性、先进性提供保障。比如说，国务院有关行政主管部门和国务院标准化行政主管部门负责进行国家标准制修订的根本目的，是出于对各行各业运作底线的约束及为公民提供潜移默化的社会福利；企业家参与标准化过程主要是创造力、决断力和控制力的权力意志的物化形式。同时，这也表明标准化过程是多个主体相互协调的过程。

其次，从标准化学科维度认识标准化。标准化作为一门学科，目前仍属于一门应然学科。具体理解为：一是从时间上讲，它是指向未来的，即在将来一定能够成为成熟学科；二是从人类自觉的学科意识上讲，应该发挥主观能动性努力促使这个领域加速向学科发展。标准化作为一门学科的发展起源于 1952 年国际标准化组织（International Organization for Standardization，ISO）成立标准化科学原理研究常设委员会（STACO），开始标准化概念、标准化基本原理和标准化方法的研究。[①]但是目前，对于标准化学科的所属类别仍然存在着各种观点，因为它是一门综合性的新兴学科。

再次，从标准化作用维度认识标准化。法国标准化协会专家 J. C. 库蒂埃对标准化的作用有过一段经典的认识文字，即"标准化在无秩序的社会里是建立秩序的因素，在一个浪费的世界里是一个节约的因素，在一个分裂的世界里是一个统一的因素，如果没有

---

① 麦绿波.标准化的多维度认识[J].标准科学，2012（3）：6-11.

法律、语言、计算方法，一个国家就无法存在。如果没有标准化，一个企业也就无法存在"。标准化最现实的作用体现在生活中的各个方面，这些方面或大或小。例如，交通标准的统一化，使人们共同遵守着"红灯停，绿灯行"的规则；产品标准的组合化，使人们可以多用途、多次数使用同一单元。另外，标准是标准化的果，标准化是标准的因，标准化最直观的作用体现于标准在社会经济发展中带来的影响。标准能够促进经济社会全面、协调、可持续发展；标准能够提高经济效益和社会总福利水平；标准有助于建立贸易优势地位；标准能够推动科技成果产业化；标准能够加快产业结构调整和产业升级。标准化根植于文化环境，而随着标准化活动的不断进行，其对自然和社会的塑造效果，以及对人们观念的影响也日益明显，这又反过来推动了文化的改革和变迁，包括文化物质层面、文化制度层面、文化精神层面等。

最后，从标准化地位维度认识标准化。从上述各个方面看出，标准化的内涵范围广阔，产生的影响与人类发展密切相关；标准化的作用在实践中不断被证实，具有深远意义与发展前景。1998年12月29日第七届全国人民代表大会常务委员会第五次会议通过《中华人民共和国标准化法》，2017年11月4日第十二届全国人民代表大会常务委员会第三十次会议进行修订。标准化的法律地位表明标准化是国家行为、国家意志，是关系各方利益的事。对各类标准进行划分，它们同时又具有自己的特殊地位——强制性标准守底线，推荐性标准保基本，行业标准补遗漏，企业标准强质量，团体标准搞创新，国际标准强站位。

第二节　标准化的作用及其意义

标准化的作用主要包括标准化的必然作用、直接作用、主导作用，不考虑间接作用、可能作用、支持作用和附属作用等次要作用。标准化的作用提炼的是标准化自己特有的和最有其特点的作用。只有确切地给出事物的作用，才有利于事物作用的利用和推广。能够引起共识的作用一定具有客观性和可感受性。标准化作用的提出以理性、客观性和可证实为原则，按照这些原则提出以下标准化的作用，这些标准化作用是标准化状态形成和标准化状态运行的作用。

一、统一化作用

标准化具有时间统一化作用、空间统一化作用、静态统一化作用、动态统一化作用。标准化可使事物的空间和时间关系处于统一化状态，这种统一化状态使事物处于时间不变关系或（和）空间不变关系，由此，形成了事物时间的统一化作用或（和）空间的统一化作用。标准化统一化的对象可以是静态的，也可以是动态的。统一化的静态对象可以是几何形状、度量衡关系、实物产品、文字、符号、概念、知识、参数等；统一化的动态对象可以是语言行为、动作行为、工作行为、运动行为、舞蹈行为、唱歌行为、书写行为、交通状态（水、陆、空）等。对静态对象和动态对象进行时间性统一，就构成了对象时间重复的统一化。对不同位置的对象进行统一，就构成了对象空间分布性的统一化。统一化作用是标准化的根本作用，是标准化其他所有作用的本质性作用。

二、复制作用

标准化的统一化状态是按其"约定"在时间域和空间域的再现，这种"约定"再现实现了与"约定"同一的时间性复制和空间性复制。标准化中"约定"就像生物学中的"遗传基因"DNA，对标准化载体进行"约定"复制，实现载体时间性的同一结果和空间性的同一结果。企业长期生产相同产品和不同地区企业生产相同产品、不同地区提供相同的餐饮服务和宾馆服务等都是应用了标准化的复制作用。标准化的复制作用可应用于产品生产、工程建设、生产方式、服务方式、管理方式、工作方式等各个方面，复制作用是标准化状态的扩展作用。

三、互通作用

标准化建立统一的收发方式、传输方式、传输路径、传输对象等，可实现传输对象的互通，标准化为传输发挥了互通作用。标准化互通最传统和最典型的例子是语言和文字的互通，统一的语言可以进行交谈互通，统一的文字可以进行书信互通。语言统一以口腔和耳朵作为发、收方式，以空气为传输路径，以声音为传输方式，以统一的发音及其含义为传输对象。文字统一以书写和眼睛作为发、收方式，以书信为传输方式，以寄送为传输路径，以统一的书写符号及其含义为传输对象。统一表达信息形式和含义，使信息可相互交换、相互识别和相互理解，对信息的交互发挥了互通作用。数字信息通过建立统一的传输链路、传输协议、数据格式、信息代码等实现数字信息的互通。标准化的互通作用不仅是对信息的互通作用，还包括对物质和能量等的传递、交换的互通作用，如电力、热气、煤气、自来水、交通运输等的互通。

四、简化作用

标准化状态的形成过程是一个诸多关系筛选和优化的过程。标准化的通用化、系列化等状态建立的过程是一个精简优化的过程。标准化建立的过程对标准化的对象进行了简化，发挥了简化作用。标准化建立的过程是对现状梳理、筛选、精干的过程，这个过程就是一个选优的过程，典型的标准化简化有通用化设计、系列化设计、品种规格压缩等标准化行为。简化作用是标准化状态形成的作用。

五、秩序化作用

标准化是建立一种规律化的统一化状态，这种统一化状态是严格的和稳定的状态，稳定的规律化就是新秩序的建立，由此，标准化发挥秩序化的作用。秩序化有按空间关系排列的空间秩序和按时间关系排列的时间秩序。标准化建立的秩序有动态秩序和静态秩序。动态秩序包括：对陆地交通统一为靠右行或靠左行，这就建立了地面流动关系的秩序；对空中规定飞行方向和空中高度关系，这就建立了空中流动关系的秩序；等等。静态秩序包括：电影院布设、教室布设、城市建设布局等秩序。静态秩序还包括建立标准化的图案、颜色线条、形状等规律，形成表达秩序，显现出整齐、有序、规则状态，给人一种舒适、吸引、惊奇、规律化等感觉。

六、提高效率作用

标准化状态建立的过程是一个淘汰无效化，优化、建立有效秩序的过程。由此，建立的标准化动态化秩序将比无序化和随意化有显著的动态运行效率。对动态事物实施标准化，将提高事物动态运行的效率。例如，对操作行为和管理行为等建立标准化状态，先剔除无效性环节，保留优选环节，使有效部分程序化，由此，建立的标准化的操作行为和管理行为等将更有效、更省时，大大提高了事物运行的效率。标准化为操作行为和管理行为等发挥了提高效率的作用。现实中，高效率的标准化生产、服务、管理等都是标准化发挥提高效率作用的佐证和显现。

七、互换性作用

将同种事物间的特性偏差关系控制到一定范围，使这些事物建立偏差的状态统一化，就能实现事物间的互换，这就是标准化发挥的互换性作用。标准化互换性作用的范围包括几何互换性、功能互换性、模式互换性、行为互换性等。能进行互换的事物可以是产品系统组成关系的零件、部件、组件等，可以是软件模块，也可以是声音、表演、行为等。特性偏差可以是尺寸、形状、功能性能、效果等偏差。可互换的偏差大小，由事物间可接受的差异大小或事物差异分辨力界限决定。任何事物只要其某些特性的偏差大小统一到可接受的差异内，不能分辨差异或差异不影响时，就能实现事物在这些特性上的互换。互换性对标准化是具有依赖性的，互换性的事物一定是标准化的。互换性给生产、使用、维修带来了无须修改和调整的方便及可靠性。

八、辨识性作用

事物表达性的特征关系一旦实现统一化，事物就具有了可辨识性。自然界动物和植物的可辨识正是由于其基因对其特征关系进行了统一固定或形成标准化状态。事物特征关系的统一化定义，形成了一种事物的"身份标签"，这种"身份标签"就使其具有了可辨性。当事物可感觉的特征关系在空间和时间关系上统一时，这些特征就会具有时空辨识性。或者说辨识性需要特征统一和稳定的时间期。标准化可使事物在表达某些特定含义的特征关系或形式在空间关系上统一，在时间关系上统一，这种统一能使人们感觉到它们在时空上的相等。这些感觉关系包括视觉、听觉、嗅觉、触觉等。标准化可固定表达事物的光辐射、声音、味道、形状、表面质感等特征关系，使事物具有视觉、听觉、嗅觉、触觉的辨识性。标准化对事物的辨识作用不仅仅在感觉关系上，还包括在任何可检测的关系上，如物质的组成与含量、酸碱度、折射率、电导率等。标准化的辨识作用在企业标志、产品商标、道路标志等方面都有广泛应用，如麦当劳标志、肯德基标志、梅林罐头标志、道路小心标志等。企业视觉识别系统正是利用了标准化的辨识性作用。如果企业标志、商标设计出来之后，在各地使用不一致，经常发生变化，就不会具有辨识性。对军队各军种服装的颜色、款式等进行标准化统一，很容易就能识别出着装的军人属于陆军、空军或海军等哪个军种。对声音、文字、动作、代号、概念的标准化，使其表达具有了可识别性。

九、节约作用

标准建立合理的用料关系带来材料的节约，建立合理的操作程序带来时间的节约，建立有效方法避免了低水平的无效重复工作等，标准化发挥了节约材料、节约时间、节约劳动等作用。标准化的节约包括建立统一化过程中剔除多余性带来的节约、选择合理性带来的节约、建立有效程序带来的节约等。标准化的节约作用是将事物统一在合理性上带来的节约效果。这种节约效果分别有经济节约效果和时间节约效果。经济节约效果是避免浪费的作用，时间节约效果是提高效率的作用。标准化的节约作用主要在产品、研制、生产、物流、服务、管理等方面。标准化节约的另一个方面是，标准化的劳动是相同的重复性劳动，劳动的熟练程度会不断提高，符合卡斯特模型，即每次重复将使劳动时间有一定百分比的缩短，由此提高了劳动效率，带来了节约时间和节约费用的效果。

十、保护作用

标准化将对象的某些特定关系保持在一种统一化状态下，这种统一化不变的状态具有对其他事物的无法侵害性或对自己的防护性作用，由此，标准化具有保护作用。例如，对有害作业场所的危害因素统一控制到不危害人身体健康的水平，或者说实施标准化的作业场所的职业卫生控制，就能起到对作业人员的职业卫生的保护作用；对有害排放的危害因素控制在统一规定的限值内，可避免排放对环境的破坏，对危险品进行安全标准化管理，就能起到安全保护作用；对食品的添加进行无害控制，就能起到健康保护作用；对产品制造的功能和性能进行统一，使每个产品的制造都符合统一的合格质量规定，就能保护消费者的利益。标准化的保护作用通常应用于环境、食品、资源开发、产品安全、生产安全、公共场所安全、运输安全、职业卫生产品质量、服务质量等。

标准化的10个作用的每一个都有许多应用的领域或对象。例如，复制作用可应用于产品生产等领域；互通作用可应用于信息交换等领域；秩序化作用可应用于交通和社会管理等领域；简化作用可应用于产品设计和产品统型等方面；提高效率作用可应用于设计、生产、服务、管理等方面；辨识性作用可应用于企业标志、商标、职业服装、语言、文字等方面；互换性作用可应用于批量化生产和群体行为等方面；节约作用可应用于耗能、耗料生产、重复性技术劳动和操作劳动等方面；保护作用可应用于食品、环境等领域。

第三节　标准化的发展历程

一、标准化发展历史阶段及其特征

自古就有"没有规矩不成方圆"之说，这里的"规矩"就是指今天的标准。人类的进化和文明无不伴随着标准化的渗透和作用。标准化的学科和研究虽然历史短暂，但标准化却有悠远的历史。按照历史的维度，人们普遍将标准化发展史划分为3个阶段：古代标准化、近代标准化和现代标准化。

（一）古代标准化发展及其特征

按照类型分，古代标准化主要涵盖语言文字的标准化和工具的标准化。人类从原始的自然人开始，在与自然博斗的过程中产生了交流情感和传递信息的需要，逐步出现了原始的语言、符号、记号、象形文字和数字。如旧石器时代的人类以采集、狩猎、捕鱼为生，当时的人们群居于山洞或树上，以植物的果实、根茎或坚果为生，同时集体捕猎野兽、鱼蚌来维持生活，群居生活使得信息沟通成为必不可少的交流工具，由此产生了部落语言，而这种部落语言可以看作是语言标准化的一种特定方式。

人们发现，在不同的石器时代发现的工具形状存在着惊人的相似性，人类追求较高劳动效率的欲望使得工具优势趋于统一，工具的标准化意识在无意识中开始形成。如元谋、蓝田、北京出土的石制工具说明原始人类开始制造工具，样式和形状从多样走向统一；再如约150万年前出现的阿舍利文化中的两大工具，手斧和薄刃斧是一组比较简单的石核制品及经修整的石片，使用硬锤打击或碰砧技术制造，稍后发展为软锤打击，其器身较薄、疤痕较浅、刃缘规整、左右对称。公元前12000年左右，人类社会迈入新石器早期，磨制工具逐渐出现，出现了有石斧、石锛、石镰、石锄、石碾、石磨等，器形薄而窄，制作精细；同期的陶器形制规则、器形优美，丰富多彩。[①]从中都可以看出工具标准化的思想在不断形成。

随着人类社会的第二次大分工的出现，手工业从农业中划分出去成为独立的领域，为了提高生产率，工具和技术标准的标准化开始悄然出现。如春秋战国时期的《考工记》记录了官营手工业的各种规范和制造工艺，记载了一系列的生产管理和营建制度。全书共7100余字，记述了木工、金工、皮革、染色、刮磨、陶瓷等六大类30个工种的生产设计规范和制造工艺要求。例如，用平整的圆盘基面检验轮子的平直性；用规校准轮子圆周；用垂线校验辐条的直线性；用水的浮力观察轮子的平衡，同时对用材、轴的坚固灵活、结构的坚固和适用等都作出了规定，不失为严密而科学的车辆质量标准。

秦统一中国之后，用政令对量衡、文字、货币、道路、兵器进行大规模的标准化，律令如《工律》《金布律》《田律》规定的"与器同物者，其大小长短必等"是集古代工业标准化之大成。

（二）近代标准化发展及其特征

以蒸汽机的使用为代表的第一次工业革命开启了工业的标准化时代。科学技术适应工业的发展，为标准化提供了大量生产实践经验，也为之提供了系统实验手段，摆脱了凭直观和零散的形式对现象的表述和总结经验的阶段，从而使标准化活动进入了定量地适用实验数据科学阶段，并开始通过民主协商的方式在广阔的领域推行工业标准化体系，作为提高生产率的主要途径。

近代标准化发展的特征可以概括如下。

1.近代标准化蓬勃发展源于工业革命需要

工业革命的发展使得制造业中统一配件的需求空前发展，企业间的竞争日益激烈，增加劳动时间和劳动强度对于企业竞争力提升的边际效用越来越不明显，提高效率、降低成本成为企业获利的优先选择。认识到标准化对于提高效率和降低成本的巨大功效，不约而同地，企业将目标指向了标准化战略，标准化开始成为时代的宠儿，不同类型的标准开始出现，如1834年出现的螺纹牙型标准、1897年出现的钢梁标准、1902年出现的"极限表"、1914年美国福特公司的标准化连续生产流水线等。

---

① 张之恒.试论前陶新石器文化［J］.东南文化，1985（00）：42-48.

2.标准化逐渐成为国家战略

近代后期，随着零星标准化活动在企业、行业竞争中的效用不断显现，标准化战略开始提升到了国家战略的地位。1927年，美国总统提出"标准化对工业化极端重要"的论断之后，标准化活动开始在全世界扩展，并上升为国家行动，各国相继成立国家级标准化组织，到1932年，已经有25个国家成立了标准化组织，至今已经有100多个国家成立标准化组织。

3.国际标准化组织开始出现并发挥作用

在标准化国家战略的浪潮下，国际标准化组织顺势而立。代表性的事件是1906年国际电工委员会（International Electrotechnical Commission，IEC）成立；1926年国家标准化协会国际联合会（International Federation of the National Standardizing Association，ISA）成立，标准化活动开始成为全球视野，活动范围从机电行业扩展到各行各业；1947年2月，国际标准化组织（ISO）成立，标准化的制度化开始形成，并深入全球各行各业，从而得以全面深入地发展。

三、现代标准化发展及其特征

随着历史的车轮滚滚迈入现代，科学技术特别是信息技术日新月异，全球化竞争格局形成并不断演化，在世界范围内的互联互通被提到了前所未有的高度。标准化的需求和要求不断提升，社会的健康有序发展迫切需要与新技术、新要求及与全球化相适应的标准化理念、体系和手段。总体而言，现代标准化体现出以下几个方面的主要特点。

（一）与全球化相适应的标准化

1.全球标准化战略的提出与实施

随着全球化的到来，世界各国日益认识到标准化在全球经济贸易中的重要作用，纷纷立足全球视野制定国家标准化战略。如2015年，为应对进入21世纪以来，欧洲、日本等国家和地区的竞争力威胁及美国本土标准化不足，美国重新修订了美国国家标准化战略。该战略的修订者威廉·梅提出"标准支撑全球经济，并提高生活质量"。美国为最大限度地实现国家利益，以价值理念的统一和技术标准的同一为根基，制定国家标准化战略，有效保护国内市场，最大限度地占有他国市场，最终实现本国标准全球化的整体规划及其活动。在这一战略中，标准不仅有助于占据国内市场，而且是抢占国外市场的最强有力的手段，是国家利益与价值观载体。

为贯彻落实《中共中央关于制定国民经济和社会发展第十三个五年规划的建议》和《国务院关于印发深化标准化工作改革方案的通知》（国发〔2015〕13号）精神，推动实施标准化战略，加快完善标准化体系，我国于2015年发布《国家标准化体系建设发展规划》（2016—2020）（国办发〔2015〕89号），要求："到2020年，基本建成支撑国家治理体系和治理能力现代化的具有中国特色的标准化体系。标准化战略全面实施，标准有效性、先进性和适用性显著增强。标准化体制机制更加健全，标准服务发展更加高效，基本形成市场规范有标可循、公共利益有标可保、创新驱动有标引领、转型升级有标支撑的新局面。'中国标准'国际影响力和贡献力大幅提升，我国迈入世界标准强国行列。"特别是在"一带一路"倡议框架下，标准化成为扩大强国影响力的工具性功能日益彰显。

2.标准正在为全世界提供通用语言

标准为全世界提供了通用语言，从而给人们通过新方法探索新思路，以及在世界各地实验室充分利用创新成果给予了力量。国际电工委员会（IEC），国际标准化组织（ISO）和国际电信联盟（ITU）三大国际标准化组织将2015年的世界标准日主题确定为"标准是世界的通用语言"，意在凸显标准的互联互通作用。世界需要标准协同发展，标准促进世界互联互通。

3.标准已融入日常生活

标准的最初使命是解决简化、统一化的技术问题，但今天，标准不仅仅是解决技术问题，还担负起了支撑全球经济发展的基础设施的使命。现代社会是标准化程度越来越高的社会，无论你是否已经意识到，标准不仅早已走进你的工作与生活，而且还在规范着你的工作与生活。

各个经济领域都离不开标准化的支撑。技术标准支撑传统制造业的优化升级，信息标准支撑信息通信产业发展，工业标准支撑农业现代化建设，服务标准引领现代服务业发展等。

不仅仅在经济领域，标准更是嵌入社会生活的方方面面，起到了有效衡量人们生活质量水平的作用，这些标准包括耳熟能详的食品安全标准、环境保护标准，社会管理与公共服务标准等等。

（二）与科学技术发展相适应的现代标准化体系

产业现代化进程中，由于生产和管理高度现代化、专业化、综合化，这就使现代产品或工程、服务具有明确的系统性和社会化特点，一个产品、一个工程或一项服务，往往涉及几十个行业和几万个组织及许多门的科学技术，如美国的"阿波罗计划""曼哈顿计划"，从而使标准化活动更具有现代化特征。现代标准化体系体现出前所未有的包容性、协同性和方法的综合性。

1.包容性

统一规则、广泛使用和重复使用并获得最佳秩序是标准化活动的基本旨意。2015年修订的美国国家标准战略提出，将构建强有力且具有包容性的标准化体系作为其战略愿景，以更好地服务于全球范围内不同国家的贸易、市场准入和国家竞争力等全球化需要。必须认识到标准是经济社会治理现代化的基础设施和重要支撑，构建强有力且具有包容性的标准化体系应摒弃部门化和地方化，防止割裂标准体系，防止标准之间的不协调甚至矛盾和冲突的问题，否则会阻碍全国乃至全球统一市场的建立。

2.协同性

"私人部门与公共部门协同制定标准"是美国标准化体系最典型的特征，这种多边合作机制能够使政府、行业和消费者等不同利益相关者聚集在一起，表达他们在标准化活动中的利益诉求，进而增加了标准最终被采纳和使用的可能性。现代标准化体系在制定之初就体现出其协同性的一面。

标准是群体活动的基本规范，不同群体、不同组织和不同国家之间的任何事情的协同都离不开标准。假如没有标准，就无法制定大家都认可或明白的具体要求和规范，协同做事就没有可能。世界范围内的社会化大生产是现代社会的特点之一，全球生产加工链、全球贸易链、全球创新链等"链"式发展，已成为世界发展的重要方式。协同越来越密切，协同越来越规范，是世界发展的大趋势，也是人类前进的必然要求。所以，标准越来越成为"世界语言"，成为生产和贸易的"宪法"。

3.方法的综合性

现代标准化更需要运用方法论、系统论、控制论、信息论和行为科学理论的指导，以标准化参数最优化为目的，以系统最优化为方法，运用数字方法和电子计算技术等手段，建立与全球经济一体化、技术现代化相适应的标准化体系。

（三）标准化成为贸易技术壁垒的重要手段

货币是交易媒介，标准则是交易桥梁；无货币难以贸易，无标准也难以交易。以国家贸易为例，从出口国角度来看，出口国的国家标准为本国产品发挥了质量信号的作用，如果出口国的国家标准代表了较高的质量水准并且受到进口国消费者的信任与认可，那么出口国的国家标准可以有效地促进出口，促进贸易的实现。如果出口国的国家标准仅反映了本国消费者的偏好，而这种偏好与进口国的消费者偏好或市场需求差异较大时，出口国的国家标准会不利于本国产品进入国外市场，贸易就无法完成。从进口国角度来看，进口国的国家标准可以为国外企业进入本国市场提供有价值的信息，理论上来说会通过降低交易成本进而促进贸易。所以，国际标准是促进本土企业融入对外贸易、参与全球竞争的桥梁和纽带。采用国际标准意味着掌握了国际通用的技术语言和行为语言，可以为贸易各方发出一致的质量信号，有利于出口国企业进入国际市场，同时可以减少国外企业为适应本国市场需要承担的额外的标准遵循成本。

目前，世界各国都需要遵循世界贸易组织贸易技术壁垒协定的要求，诸如加强国家安全、防止欺诈行为、保护人身健康或安全、保护动植物生命健康、保护环境等方面，以及能源利用、信息技术、生物工程、包装运输、企业管理等方面的标准化，为全球经济可持续发展提供标准化支持。

（四）标准化技术的综合化、超前化发展

标准化是一项古老的活动，当前随着世界经济的不断发展，标准化的拓展面临重大挑战。一方面，典型的调研来自智能城市、能源利用率、物联网、纳米技术、网络安全等标准化新兴领域日渐兴起，对标准理念、技术的更新带来挑战；另一方面，随着人们日渐提高的生活质量要求，服务业对标准的需求特别是现代服务业的多样化、个性化需求给服务业标准化带来新的要求，包括公共事业、IT、金融、旅游、医疗保健、教育、零售等产业，每个领域对服务系统和人员的标准化都有不同的需求和侧重点。综合标准化和超前标准化成为应对这些挑战的重要标准化方法论发展。

1.综合标准化

综合标准化又称整体标准化。在过去，企业的标准化工作主要以孤立分散的形式进行单个标准制定。按照系统论的观点，标准化对象不可能独立存在，其必定是更大的系统的某个子系统，受到其他子系统相关因素的影响和制约。产品和产品组成部分（原材料、元器件、零部件）、设计与制造、技术与管理等，这些要素都是密切相关、相辅相成、互为影响的有机体组成部分。传统孤立的单维标准制定由于忽视了有机体其他要素的影响，必然带来其发展的局限性。因此，综合标准化成为改变这种孤立标准弊端的有效方法。具体表现为：（1）标准化的对象从设计标准化延伸到工艺、工装标准化。传统标准化工作强调标准的制定工作，属于设计标准范畴，设计标准必须按照标准化方式进行实施才能保证达到设计标准。工艺是将各种原材料、半成品制作成成品的方法和过程，没有高超精湛的工艺技术，产品设计标准再高，使用的原材料再贵重都无法保证产品满足设计的要求。同时，工业标准化又为工艺设备标准化提供了要求和可能，可以说，当前企业所实行的标准化战略是设计标准、工艺标准和工装标准的综合一体化。（2）技术标准化和管理标准一体化。任何企业都是一个由劳动力（人）、形成劳动手段的设备及劳动对象（原材料、零部件、产品）构成的完整工作系统，而在这个工作系统中，人是主体。传统标准化强调技术标准化，在一定程度上忽视了人的要素。近年来，人们越来越认识到，标准化工作必须改革，从传统侧重于"物"为对象的技术标准，发展到以"人"为对象的工作标准和以"事"为对象的管理标准。技术标准为工作标准和管理标准提供依据，工作标准和管理标准又是技术标准得以实施的可靠保障。

2.超前标准化

所谓超前标准化就是根据最新科学技术和管理成就或预测结果，制定出合理的高于企业所能达到的标准，并随着时间的变化而变化，使得标准在有效期内始终处于最佳状态。超强标准化是一种动态的标准化，是将变化的科学技术及时纳入标准的标准化，是真正引领社会化大规模生产的标准化。

（五）标准化教育兴起并成为各国需求

2015年世界标准日中国的主题为"标准联通一带一路，人才筑就标准未来"，凸显了人才在未来标准化工作中的重要性。标准化教育是培育标准化人才的基础，我国应积极通过学历教育培养标准化高端人才。2015年12月，中国工程管理硕士专业学位教育指导委员会、国家标准委办公室、中国标准化研究院就共同开展工程管理硕士标准化方向教育签署了合作协议，成为我国标准化教育的里程碑。2018年5月，由中国计量大学发起的全球首个"一带一路"标准化教育与研究大学联盟成立，来自30个不同国家和地区的105所高校加盟，其中境外高校37所，涉及"一带一路"沿线国家19个，标志着中国标准化教育走向新的发展阶段。

二、食品标准化的发展历程

（一）食品卫生标准的发展阶段

回顾我国食品安全标准的发展历史，可追溯到20世纪50年代，卫生部发布了首个食品标准即酱油中砷的限量标准，标志着我国食品标准的起步，且食品安全标准是以食品卫生标准的形式出现并从无到有地发展起来。20世纪50年代至60年代主要是针对食品不卫生而发生食源性疾病暴发等危害公众健康的问题制定的一些单项的食品卫生标准和管理办法，共颁布了30个标准。

20世纪70年代初，卫生部先后组织完成了全国各地食品中铅、砷、镉、汞、黄曲霉毒素 B_1 等污染物的流行病学调查和污染状况调查等基础性研究工作。在此基础上，1974年卫生部所属的中国医学科学院卫生研究所制定了以食品卫生标准为重点的食品卫生科研规划，组织全国各省（自治区、直辖市）卫生防疫站、医学院校等单位组成起草标准专题协作组，开启了食品卫生标准工作的全面组织和系统化的阶段，制定出了14类54个食品卫生标准和12项卫生管理办法，并于1978年5月开始实施。

1983年《中华人民共和国食品卫生法（试行）》颁布实施，明确了食品卫生标准的法律地位。该法第十四条规定："食品、食品添加剂，食品容器、包装材料，食品用工具、设备，用于清洗食品和食品用工具、设备的洗涤剂以及食品中污染物质、放射性物质容许量的国家卫生标准、卫生管理办法和检验规程，由国务院卫生行政部门制定或批准颁发。"卫生部成立了包括食品卫生标准技术分委会在内的全国卫生标准技术委员会，食品卫生标准技术分委会根据拟制定的食品卫生标准工作的需要，组建起草标准协作组，系统组织开展食品卫生标准的研制工作。食品卫生标准协作组由原全国卫生防疫站（疾病预防控制中心和卫生监督所）、科研院所、大专院校、食品行业协会和生产企业组成，标准研制单位来自卫生、质检、农业、各类食品企业、行业协会，具有广泛的代表性。1985年食品卫生标准协作组已发展到26个，颁布食品卫生标准280个。至20世纪90年代，食品卫生标准已包括各类别食品产品卫生标准、食品添加剂使用卫生标准、食品营养强化剂使用卫生标准、污染物和真菌毒素限量标准、农药残留标准、食品容器包装材料卫生标准、食品企业生产卫生规范、食品卫生理化及微生物检验方法、食物中毒诊断标准等食品卫生标准。

我国加入世界贸易组织（World Trade Organization，WTO）后，为遵守世界贸易组织对各国制定食品安全标准的规定，提高我国的卫生标准与国际食品法典委员会（Codex Alimentarius Commission，CAC）标准的协调一致性，2001年和2004年，全国食品卫生标准委员会组织专家对食品卫生标准进行了两次全面清理工作，在全面清理整顿基础上，扩大了标准的覆盖面，删除了无卫生学意义的指标。2003年及2005年颁布的两批新标准，开始应用风险评估作为基础，提高与国际食品法典标准的一致性，更加科学，而且适用性增强。截至2009年《中华人民共和国食品安全法》颁布之前，已形成了由通用标准、产品标准、食品企业卫生规范和检验方法组成的与《中华人民共和国食品卫生法》相配套的食品卫生标准体系，有食品卫生标准400多项。

（二）多种食品标准并行阶段

随着食品标准化工作逐步全面展开，除强制性的食品卫生标准外，我国在食品领域制定并颁布了一系列与食品质量相关的标准，并形成相对独立的食品卫生标准、食品质量标准、食品行业标准、食用农产品质量安全标准体系，且分别由不同的政府主管部门负责。至2009年《中华人民共和国食品安全法》颁布前，中国已有食品、食品添加剂、食品相关产品国家标准2000余项、行业标准2900余项、地方标准1200余项，基本形成了以国家标准为核心，行业标准、地方标准为补充的国家食品标准体系。

食品标准数量的增多及质量的提高，促进了食品工业的发展，为监督管理提供了依据，保障了消费者的权益。但同时不同部门制定的标准之间存在的交叉、重叠、矛盾的问题也日益凸显。较为突出的问题是产品的质量标准作为强制标准颁布，其中往往还含有与健康相关的食品安全指标。食品质量与食品卫生标准界限模糊不清。据国家食品安全风险评估中心对食品标准的清理整合发现，无论国家标准还是行业标准，强制性标准均占有较大的比例，尤其国家标准中有近50%的食品、食品添加剂、食品相关产品是强制性的，其中相当一部分是与食品安全和卫生无关的质量、品质要求。在强制性食品质量标准中涉及卫生指标时，往往缺少科学依据，多凭经验来确定，其指标有时与卫生标准不协调或矛盾，部分出现在不同的强制性标准中的食品卫生指标限值不同。食品标准存在的问题，给食品生产经营企业和食品监管部门带来了困惑，影响了食品安全监督管理工作。

（三）食品安全标准的形成阶段

2009年颁布实施的《中华人民共和国食品安全法》第二十二条规定："国务院卫生行

政部门应当对现行的食用农产品质量安全标准、食品卫生标准、食品质量标准和有关食品的行业标准中强制执行的标准予以整合，统一公布为食品安全国家标准。"自此，首次确定了"食品安全标准"这一概念，并明确了食品安全标准包括国家标准和地方标准两个层级。食品安全标准是对各种影响消费者健康的危害因素进行控制的技术法规，是中国唯一强制执行的食品标准。

自2013年起，国家卫生和计划生育委员会组织专家和相关单位对我国食用农产品质量安全标准、食品卫生标准、食品质量及行业标准进行清理，重点解决标准重复、交叉和矛盾的问题。国卫办食品函〔2017〕697号通报了食品安全国家标准目录和食品相关标准清理整合结论。经清理，1082项农药兽药残留相关标准转交农业农村部进行进一步清理整合。对另外3310项食品标准作出了以下清理整合结论：一是通过继续有效、转化、修订、整合等方式形成现行食品安全国家标准；二是建议适时废止的标准；三是不纳入食品安全国家标准体系的标准。

思考题

1. 简述对标准化的认识与影响。
2. 简述标准化发展的历程及其特征。
3. 概述食品标准化发展的历程。

本章参考文献

李鑫，刘光哲. 农业标准论导论[M]. 北京：科学出版社，2016.

梁丽涛. 发展中的标准化[M]. 北京：中国标准出版社，2013.

麦绿波. 标准化的存在感觉与影响[J]. 标准生活，2012(2)：54-56.

麦绿波. 标准化的多维度认识[J]. 标准科学，2012(3)：6-11.

潘红，孙亮. 食品安全标准应用手册[M]. 杭州：浙江工商大学出版社，2018.

王宝友. 标准化工作的哲学认识[J]. 标准智库，2014(4)：54-57.

中国标准化研究院. 标准化若干重大理论问题研究[M]. 北京：中国标准出版社，2007.

第二章　食品标准化基本概念

本章导读

　　本章内容为标准化的基本概念，以及开展食品标准化所涉及的基础知识。GB/T 20000.1—2014《标准化工作指南　第1部分：标准化和相关活动的通用术语》中界定了标准化活动概念体系中的相关术语和定义，对该标准的了解与掌握将有助于弄清标准化概念体系。同时，《中华人民共和国食品安全法》对食品安全及食品标准进行了定义，全面了解食品标准化的基本概念是本章的重点内容。

◆◆◆ **学习目标**

　　1. 掌握标准化和标准的基本概念。

　　2. 了解标准化和标准之间的相互关系。

　　3. 掌握食品标准化的基本概念

第一节　标准化的概念

　　在历史上，英国、美国、法国、德国、苏联、日本和印度等国家的专家、行业协会、标准化相关机构等对标准化概念的定义进行了广泛而深入的探讨，并通过标准化理论书籍、辞典和规范性文件对标准进行了多种形式的表述。这些对概念表达的方式有相近的，也有差异较大的，其各种版本多达十几个，并未形成统一的标准化概念认知，一直处于离散状态。这也从另一个侧面验证了标准化学科的哲学性，越抽象的事物，其概念的发散性程度就越大越广泛，但抽象性事物的本质往往隐藏在大量的具体现象中，使得人们的认知出现了主观性。同时，不同的主体给出概念的定义差异大。本节列举一些标准化概念定义的发展历程，旨在探索标准化的本质规律和影响因素。日本工业标准JIS

Z8101—1956《质量管理术语》对标准化概念的定义为："制订并有效地运用标准的有组织行为。"德国国家标准 DIN 820—1960 对标准化概念的定义为："标准化是指为了公众的利益，由各有关方面共同进行的，有计划地使物质的和非物质的对象统一化。"美国材料试验协会（ASTM）对标准化概念的定义为："标准化是为各有关方面的共同利益和在其合作下，对某一专门活动的规律性方法制定和应用规章的过程。某一标准是某一方面标准化工作的成果，而且该成果只能由某一公认的标准团体所取得。换句话说，标准是促进买主和卖主之间的货物流通并保护公共利益的一种共同语言。"苏联《技术百科全书》对标准化概念的定义为："标准化就是将已规定的规格列入各种形式、等级和组别，对成品、原料和每个生产过程规定统一概念、符号、标志和最精确的标样，并为此将已定的尺寸、重量与材料性能、制造和验收规程固定下来。"法国标准化协会（AFNOR）对标准化概念的定义为："标准化的目的是为解决重复出现的问题提供谅解的基础。"澳大利亚标准协会（SAA）对标准化概念的定义为："标准化规定的方面很广泛，它普遍地存在于人类生活之中。语言就是标准化的一种形式，道德准则和法律也属于标准化的范畴。"

2004年，ISO/IEC 对"标准化"概念的定义：

Activity of establishing, with regard to actual or potential problems, provisions for common and repeated use, aimed at the achievement of the optimum degree of order in a given context.

NOTE 1 In particular, the activity consists of the processes of formulating, issuing and implementing standards.

NOTE 2 Important benefits of standardization are improvement of the suitability of products, processes and services for their intended purposes, prevention of barriers to trade and facilitation of technological cooperation.

我国对标准化概念的定义（GB/T 20000.1—2014）：

为了在既定范围内获得最佳秩序，促进共同效益，对现实问题或潜在问题确立共同使用和重复使用的条款以及编制、发布和应用文件的活动。

注1：标准化活动确立的条款，可形成标准化文件，包括标准和其他标准化文件。

注2：标准化的主要效益在于为了产品、过程或服务的预期目的改进它们的适用性，促进贸易、交流以及技术合作。

该定义将标准化界定为一项活动，确切地说是一项人类的活动。人类从事着众多的活动，标准化是人类诸多活动中的一种，它有着区别于其他活动的独特的特点。上述定义包含了以下六个方面的特点。

第一，活动目的。人类的任何活动都不是盲目的，而是有意识、有目的的。为了达到活动目的，人类在从事各种活动的过程中会形成各自的路径或结果。在进入社会化大协作的时代，从交流与合作的角度，不同的行为或行为结果会造成不一致或导致混乱，包括人类活动本身秩序的混乱和活动结果（产品、服务）秩序的混乱。这些无序的状态不利于人们实现交流与合作所要达到的目的。为此我们需要从事新的活动——标准化，标准化活动的总体目的就是消除混乱、建立最佳秩序，并通过秩序的获得促进人类的共同效益。

第二，活动范围。任何一项标准化活动都有其预先确定的范围。制定标准的目的是在"既定范围"内获得最佳秩序，也就是说最佳秩序的获得不是无限范围的，在已经确定的范围内获得最佳秩序即达到了目的。这里的范围包括两层意思：其一，是指标准化活动所涉及的地域范围，如国际、区域、国家等；其二，是指标准化活动所涉及的标准化领域的范围，如机械、信息技术等。标准化活动范围还表示了参与标准制定或标准应用涉及人员所代表的地域及专业的范围。

第三，活动对象。标准化活动针对的是"现实问题或潜在问题"。如果已经发现在某个范围内现实的无序状况日趋明显，或者意识到将来可能会出现无序的状况，为了便于交流与合作，利益相关方需要考虑将出现无序状况的现实问题或潜在问题的主体确定为标准化对象，通过标准化活动，达到从无序到有序，进而促进人们的共同效益。这里将"现实问题或潜在问题"作为标准化对象是将标准化活动作为一个总体，从宏观层面做出的总概括，具体的标准化活动都有其特定的具体对象。

第四，活动内容。标准化活动的内容包括四个方面：确立条款、编制文件、发布文件和应用文件。确立条款的主要活动是在众多的技术解决方案中选择一种或重组一种技术解决方案并形成条款；编制文件的主要活动是起草标准草案，同时履行相应的程序；发布文件的主要活动是审核批准已经编制完成的标准草案；应用文件是标准化活动的重要环节，只有标准化文件得到应用，才能建立起最佳秩序并取得效益。在标准化活动中经常会涉及"制定"这一概念，它包含了确立条款、编制文件和发布文件这三项内容，是这三项内容的总称。制定标准的核心工作是确立条款，条款的表述和应用都需要有相应的载体，因此编制文件、发布文件成为标准化活动的内容之一。实际上发布的文件的核心技术内容是条款，应用文件也是要应用文件中的条款。

第五，活动结果。从上述分析可以看出，标准化活动确立的是"条款"，编制和发布的是"标准化文件"，其中大部分为"标准"，它是标准化活动中制定标准产生的成果。而应用文件产生的结果为建立包括概念秩序、行为秩序或结果秩序的技术秩序。

第六，活动效益。标准化活动产生的文件的广泛应用，建立了技术秩序，产生巨大的效益，即改进产品、过程或服务预期目的的适用性，促进贸易、交流及技术合作。

第二节　标准的概念

　　标准概念的定义从最早的美国标准化专家约翰·盖拉德的定义到目前广泛使用的ISO定义，经历了几十年的发展。从1934年开始，美国标准化专家盖拉德对标准概念的定义为："标准是对计量单位或基准、物体、动作、程序、方式、常用方法、能力、职能、办法、设置、状态、义务、权限、责任、行为、态度、概念或想法的某些特征给出定义，做出规定和详细说明。它是为了在某一时期内运用，而用语言、文件、图样等方式或模型、标样及其他表现方法所做出的统一规定。"1962年，国际标准化组织原理委员会（ISO/STACO）对标准概念的定义为："标准是经公认的权威当局批准的一个个标准化工作成果。它采用的形式是：（1）文件形式，内容是记述一系列必须达到的要求；（2）规定基本单位或物理常数，如安培、米、绝对零度等"。日本工业标准JIS Z 8101—1956对标准概念的定义为："标准是为广泛应用及重复利用而采纳的规格。"德国国家标准DIN 820—1960对标准概念的定义为："标准是调节人类社会的协定或规定。有伦理的、法律的、科学的、技术的和管理的标准等。"1983年，ISO指南第2号对标准概念的定义为："适用于公众的，由有关各方合作起草并一致或基本上一致同意，以科学、技术和经验的综合成果为基础的技术规范或其他文件，其目的在于促进共同取得最佳效益，它由国家、区域或国际公认的机构批准通过。"1983年，我国国家标准GB 3935.1—1983《标准化基本术语 第1部分》对标准概念的定义为："对重复性事物和概念所做的统一规定。它以科学、技术和实践经验的综合成果为基础，经有关方面协商一致，由主管机构批准，以特定形式发布，作为共同遵守的准则和依据。"

　　1996年，我国国家标准GB/T 3935.1—1996《标准化和有关领域的通用术语 第1部分：基本术语》等同采用1991年ISO/IEC指南第2号对标准概念的定义（第六版），标准概念定义的内容为："标准是为在一定范围内获得最佳秩序，对活动或其结果规定共同和重复使用的规定、指南或特性的文件。该文件经协商一致并经一个公认机构的批准。注：标准应以科学、技术和经验的综合成果为基础，并以促进最大社会效益为目的。"ISO/IEC指南第2号1996年版（第七版）对标准概念的定义在1991年版（第六版）的基础上做了细微的修改，1996年版英文版的定义内容为："Document, established by consensus and approved by a recognized body, that provides, for common and repeated use, rules, aimed at the achievement of the optimum degree of order in a given context. NOTE: Standard should be based on the consolidated results of science, technology and experience, and aimed at the promotions of opium community benefits."2002年我国国家标准GB/T 20000.1—2002《标准化工作指南 第1部分：标准化和相关活动的通用词汇》等同采用1996年ISO/IEC指南第2号对标准概念的定义，标准概念定义的内容为："为了在一定范围内获得最佳秩序，经协商一致制定并由公认机构批准，共同使用的和重复使用的一种规范性文件。注：标准宜以科学、技术和经验的综合成果为基础，以促进最佳的共同效益为目的。"世界贸易组织技术性贸易壁垒协议（WTO/TBT）对标准概念的定义为："标准是被公认机构批准的，非强制性的，为了通用或反复使用的目的，为产品或其加工或生产方法提供规则、指南或特性的文件。"2004年，在标准概念的定义上有过多种不完全一样的认识，后来许多国家对标准概念的定义几乎都等同采用了 ISO/IEC 指南第2号对标准的定义。ISO/IEC 在标准定义1996年版后的新版本是2004年版（ISO/IEC Guide 2: 2004）：Document, established by consensus and approved by a recognized body, that provides, for common and repeated use, rules, guidelines or characteristics for activities or their results, aimed at the achievement of the optimum degree of order in a given context. Note: Standards should be based on the consolidated results of science, technology and experience, and aimed at the promotion of optimum community benefits.

目前，经过修订，我国对"标准"的定义（GB/T 20000.1—2014）如下：

通过标准化活动，按照规定的程序经协商一致制定，为各种活动或其结果提供规则、指南或特性，供共同使用和重复使用的文件。

注1：标准宜以科学、技术和经验的综合成果为基础。

注2：规定的程序指制定标准的机构颁布的标准制定程序。

注3：诸如国际标准、区域标准、国家标准等，由于它们可以公开获得，以及必要时通过修正或修订保持与最新技术水平同步，因此它们被视为构成了公认的技术规则。其他层次上通过的标准，诸如专业协（学）会标准、企业标准等，在地域上可影响几个国家。

该定义将标准界定为一种文件，并指出了这种文件与其他文件相区别的5个特征：特定的形成程序、共同并重复使用的特点、特殊的功能、产生的基础及独特的表现形式。

第一，标准的形成需要"通过标准化活动，按照规定的程序经协商一致制定"。上述定义首先强调了标准与标准化的关系，指出标准产生于标准化活动，也就是说只有通过标准化活动才有可能形成标准，没有标准化活动就没有标准。然而标准化活动形成的不仅仅是标准，还会有其他标准化文件，只有"按照规定的程序"并且达到了形成标准所要求的协商一致程度的文件才能称为标准。这里"规定的程序"指各标准化机构为了制定标准而明确规定并颁布的标准制定程序。所以说，履行了标准制定程序的全过程，并且达到了普遍同意的协商一致后形成的文件才称其为标准。

第二，标准具备的特点是"共同使用和重复使用"。共同使用是从空间上界定的，指标准要具有一定的使用范围，如国际、国家、协会等范围。重复使用是从时间上界定的，即标准不应仅供一两次使用，它不但现在要用，将来还要经常使用。"共同使用"与"重复使用"两个特点之间是"和"的关系，也就是说，只有某文件在一定范围内被大家共同使用并且多次重复使用，才可能考虑将其制定成标准。

第三，标准的功能是"为各种活动或其结果提供规则、指南或特性"。最佳秩序的建立首先要对人类所从事的"活动"及"活动的结果"确立规矩。标准的功能就是提供这些规矩，包括对人类的活动提供规则或指南，对活动的结果给出规则或特性。不同功能类型标准的主要功能会不同，通常标准中具有五种典型功能：界定、规定、确立、描述、提供或给出，例如界定术语、规定要求、确立总体原则、描述方法、提供指导或建议、给出信息等。

第四，标准产生的基础是"科学、技术和经验的综合成果"。标准是对人类实践经验的归纳、整理，是充分考虑最新技术水平并规范化的结果。因此，标准是具有技术属性的文件，标准中的条款是技术条款，这一点是它区别于其他文件（如法律法规）的特征之一。

第五，标准的表现形式是一种"文件"。文件可理解为记录有信息的各种媒介。标准的形成过程及其具有的技术规则的属性决定了它是一类规范性的技术文件。标准的形式有别于其他的规范性文件。通常每个标准化机构都要对各自发布的标准的起草原则、要素的选择、结构及表述作出规定。按照这些规定起草的标准，其内容协调，形式一致，文本易于使用。

通过前文对标准界定的分析，可以看出标准是按照规定的程序经协商一致制定的，这就确保了：一方面在标准形成过程中具有代表性的技术专家会参与其中，最新技术水平会被充分考虑，相对成熟的技术中可量化或可描述的成果会被筛选出来并确定为标准的技术条款；另一方面，经过利益相关方协商一致通过的标准会被各方高度认可，发布的标准可以公开获得，并且在必要的时候，还会通过修正或修订保持与最新技术水平同步。因此可以得出标准的本质特征是"公认的技术规则"。

第三节　标准化与标准的关系

标准与标准化的关系密不可分。从形式上来讲，标准是一种文件，标准化是一个活动过程；从活动的结果来看，标准是标准化活动的产物。标准化活动的成果可以通过标准的形式来呈现，可以说标准是标准化活动的产物，但标准化的产物还包括其他的标准化文件；从目的和作用方面讲，标准化的目的和作用都需要通过制定和实施具体的标准来体现。标准化的基本任务和主要内容是制定标准、实施标准进而修订标准，这是一个不断循环、螺旋式上升的运动过程。每完成一次循环，标准的水平就提高一步；但标准化的效果只有当标准在社会实践中实施以后才能表现出来，绝不是制定一个标准就可以了事的。从构成条件来看，标准只是构成标准化的充分条件。标准化作为一种普遍的客观规律，具有非常广泛的内涵，它既存在于自然界之中，也存在于人类思维、生产、生活的各个方面。在没有标准的条件下，人们在生产、生活中同样可以通过一些习惯、经验或管理等途径实现标准化。这一点从人类古代的标准化活动中也得到了充分体现。例如古代手工业生产的标准化，完全是依靠劳动经验或诸如《考工记》《齐民要术》《营造法式》等一些典籍来实现的。因此从这一点而言，标准只是构成标准化的充分条件，而非必要条件；从体现形式上看，标准是最具有标准化自身特色的体现形式。前文所述，只有在人类有意识地开展标准化活动中才有标准，人类有意识地开展的标准化活动必须具备三个构成要素：一是必须要有参照主体；二是必须要有唯一确定的参照对象；三是参照主体必须以参照对象为基准向其不断逼近并且最终与参照对象达成统一。以上三个要素缺一不可。显而易见，标准在人类标准化活动中扮演了这种参照对象的作用，不过这种参照对象可以通过很多形式来表现，标准只是其中最具有标准化自身特色的一种表现形式而已。

从制定和实施途径来看，制定和实施标准是实现标准化的最佳途径。如前文所述，实现标准化的途径可以有很多种。例如自然界的标准化就是物质在自然规律的作用下，通过自身的演变进化，缓慢地趋于统一；远古时期，人类从实践活动中获取经验，制造出标准化的石器；秦始皇通过颁发法令实现文字与度量衡的统一；福特通过创新管理与生产方式开创了现代工业基于标准化的流水生产线；等等。但是，现代工业生产的实践证明，当面对复杂系统时，制定标准和实施标准则是实现标准化的最佳途径。这是因为标准是思维意识统一的物化形式，而在这种思维意识统一的过程中，不仅标准化的目的和对象最明确，有利于寻找到一条效率最高、效果最佳的标准化路径，而且人的主观能动性会确保最终所选择的标准化路径，是在其认知范围内最接近于理论、具有最优值的最佳途径。从特性方面看，标准让标准化成为一种专业活动。正是因为人们在制定标准和实施标准的过程中，标准化目的最明确，采用的方式方法上，与人类的其他生产实践活动相比，最具标准化的独特特性，才使得标准化——这一普遍存在于自然界和自人类诞生以来便和人类生产、生活息息相关的活动——从人类的其他生产实践活动中分离出来，发展成为一种独立的专业活动。这也是为什么人类开展标准化活动的历史可以追溯到人类起源，但专业的标准化活动直到近一二百年才形成。

尽管"标准"一词定义颇多，但学者和从业者在多个定义中包括以下关键的共同要素：以协商一致方式确定；由认可机构批准；提供"活动或其结果的规则，准则或特性"；"旨在实现秩序"；和技术或商业活动的一致性，尤其是确保用户相信知识、材料、产品、过程和服务等的"适用性"。标准化是通过一致性的追求，具有许多动机，并且由各种创新行为者驱动。有专家指出，标准和标准化之间的关键区别在于，标准化通常至少在一定程度上发生，并且有时是不可避免的，无论标准是否被承认或正式确立。

第四节　食品标准化相关概念

《食品安全法》（2021年修订版）中给出了关于食品及其相关产品的定义，并明确给出了食品安全标准所涉及的内容。

一、食品及食品安全的定义

（一）食品的定义
食品，指各种供人食用或者饮用的成品和原料以及按照传统既是食品又是中药材的物品，但是不包括以治疗为目的的物品。

（二）食品相关产品定义
对于食品标准可能涉及的相关产品进行了定义。

1.预包装食品

预包装食品，指预先定量包装或者制作在包装材料、容器中的食品。

2.食品添加剂

食品添加剂，指为改善食品品质和色、香、味以及为防腐、保鲜和加工工艺的需要而加入食品中的人工合成或者天然物质，包括营养强化剂。

（三）食品安全
世界卫生组织（WHO）将"食品安全"定义为："食物中有毒有害物质影响人体健康的公共卫生问题"。《食品安全法》规定："食品安全，指食品无毒、无害，符合应当有的营养要求，对人体健康不造成任何急性、亚急性或慢性危害。"

二、食品安全标准的定义

GB/T 20000.1—2014《标准化工作指南 第1部分：标准化和相关活动的通用术语》对"标准"所下的定义是："通过标准化活动，按照规定的程序经协商一致制定，为各种活动或其结果提供规则、指南或特性，供共同使用和重复使用的文件"。

综合上述对"食品安全"及"标准"的定义，食品安全标准是政府管理部门为了保证食品无毒、无害，符合食品应当有的营养要求，防止食品中的有毒有害物质对人体健康造成任何急性、亚急性或慢性危害，对食品中各种危害人体健康因素进行控制的技术法规。食品安全标准是对食品、食品添加剂、食品相关产品及其生产经营过程中的卫生安全要求，是依照法定权限作出的统一规定，是中国唯一的强制性的食品标准。《食品安全法》还明确指出："食品安全标准是强制执行的标准。除食品安全标准外，不得制定其他食品强制性标准。"

根据食品安全标准的使用范围、对象及发布机构的不同，食品安全标准分国家标准、地方标准两个层级。

三、食品安全标准的内容

制定食品安全标准，应当以保障公众身体健康为宗旨，做到科学合理、安全可靠。《食品安全法》第二十五条规定："食品安全标准是强制执行的标准。除食品安全标准外，不得制定其他食品强制性标准。"食品安全标准涵盖了对食品、食品添加剂、食品相关产品中包括生物性、化学性、物理性因素在内的各类危害人体健康物质的限量规定，以及食品添加剂、营养素、标签、生产过程要求、检验方法等方面的技术规定。根据《食品安全法》第二十六条规定，食品安全标准主要包括下列几方面的内容。

（一）危害人体健康物质的限量规定

对食品、食品添加剂、食品相关产品中的致病性微生物，农药残留、兽药残留、生物毒素、重金属等污染物质以及其他危害人体健康物质的限量规定。如：GB 2762—2017《食品安全国家标准 食品中污染物限量》、GB 2763—2021《食品安全国家标准 食品中农药最大残留限量》等标准均属于此类标准。

（二）食品添加剂的品种、使用范围、用量

我国颁布实施的GB 2760—2014《食品安全国家标准 食品添加剂使用标准》，规定了食品添加剂的使用原则、允许使用的食品添加剂品种、使用范围及最大使用量或残留量。

（三）专供婴幼儿和其他特定人群的主辅食品的营养成分要求

对专供婴幼儿、孕妇及乳母等特定人群的主辅食品的营养成分要求也属于食品安全标准内容，GB 10765—2021《食品安全国家标准 婴儿配方食品》、GB 10769—2010《食品安全国家标准 婴幼儿谷类辅助食品》等营养与特殊膳食食品安全标准中一般规定有蛋白质、脂肪、碳水化合物、维生素及微量元素等营养素指标要求。

通常来说，食品的营养成分不属于食品安全指标，如含乳饮料的蛋白质指标，在食品安全标准的整合修订中，GB7101—2015《食品安全国家标准 饮料》去除了原含乳饮料卫生标准中的蛋白质指标，含乳饮料的蛋白质指标执行质量标准GB/T 21732即可。但对特定人群，营养指标有时则与食品安全密切相关。如2003年安徽阜阳发生的"大头娃娃"事件，就是当年部分不法商贩生产供应的奶粉蛋白质含量过低，以食用该"奶粉"为主食的婴幼儿因严重缺乏蛋白质而导致"大头娃娃"等症状，虽然奶粉中蛋白质含量属营养指标，但对于以婴幼儿配方奶粉为主要膳食的婴幼儿，该奶粉的蛋白质指标则属食品安全标准范畴。

（四）与食品安全、营养有关的标签、标识、说明书的要求

在《食品安全法》颁布之前，有关食品的标签、标识、说明书要求的标准均未纳入食品安全（原指卫生）标准范畴。目前，我国食品安全标准体系已将与食品安全、营养有关的标签、标识、说明书要求的标准统一为食品安全标准。如：GB 7718—2011《食品安全国家标准 预包装食品标签通则》代替了 GB 7718—2004《预包装食品标签通则》，以及 GB 28050—2011《食品安全国家标准 预包装食品营养标签通则》标准均属于此类标准。

（五）食品生产经营过程的卫生要求

对食品生产经营过程卫生要求的规定主要以生产经营规范类标准的形式出现。如：GB 14881—2013《食品安全国家标准 食品生产通用卫生规范》规定了食品生产过程中原料采购、加工、包装、储存和运输等环节的场所、设施、人员的基本要求和管理准则。

（六）与食品安全有关的质量要求

一般来说，食品质量指标不属于食品安全标准的范畴，但对能间接影响食品安全的质量指标也是食品安全标准的内容。值得注意的是，产品安全标准应谨慎纳入与食品安全有关的质量指标，不应涉及与食品安全无关、防止掺杂使假的指标项目。目前，对哪些指标属于与食品安全有关的质量要求没有统一明确的界定标准，需具体食品品种具体分析，如：GB7101—2015《食品安全国家标准 饮料》规定，"乳酸菌饮料产品标签应标明活菌（未杀菌）型或非活菌（杀菌）型，标示活菌（未杀菌）型的产品乳酸菌数应≥10^6CFU/g(mL)"，活菌型乳酸菌饮料的乳酸菌数应属于质量指标，但乳酸菌数过少可引起杂菌生长，故该产品的食品安全标准中规定了乳酸菌的含量。

（七）与食品安全有关的食品检验方法与规程

在《食品安全法》颁布之前，我国食品标准体系中的大部分检验方法与规程都是以推荐性标准的形式发布的，很多方法标准没有强制性的效力，故在实际食品检测中是否采用这些标准未做强制规定。有一部分方法在作为产品强制性标准的配套标准时，由于被强制性标准引用而间接成为强制性标准。在上述标准体系下，因不同的检验机构在检测同一项目时可能会采用不同的检验方法，当检验结果出现不一致时会给结果的判定带来困难。现行的《食品安全法》将食品检验方法与规程纳入食品安全标准范畴，即与食品安全指标相配套的检验方法均属于必须遵守的强制标准。

（八）其他需要制定为食品安全标准的内容

因为属于食品安全标准内容的种类较为复杂，上述七项内容可能难以涵盖所有食品安全标准，故《食品安全法》第二十六条规定了该条条款。

四、食品安全标准和其他食品标准的区别

《中华人民共和国标准化法》（以下简称《标准化法》）规定，"工业产品的品种、规格、质量、等级或者安全、卫生要求等应当制定标准"。为保障消费者健康，食品标准应有安全、卫生的要求。但食品属于工业产品，为指导企业生产，也应制定有相应的质量、规格、等级标准。食品的安全、卫生要求属于食品安全的内容，食品的品种、规格、等级、口味、外观、大小等则属于质量的内容。因此，食品标准包含了食品安全和食品质量两个层面的内容，无论是食品质量标准还是食品安全标准统称为食品标准。

食品安全标准是对食品中各种影响消费者健康危害因素进行控制的技术法规，是食品安全法律体系的重要组成部分，是食品生产经营中必须遵照执行的最低要求，是食品合法生产并进入流通环节的门槛。《食品安全法》规定了食品安全标准的范围，并对其定性为强制执行的标准，且"除食品安全标准外不得制定强制执行的标准"。因此，除食品安全标准以外的食品标准是对食品的品种、规格、质量、等级等方面的要求，均属于推荐性标准，是食品生产经营者自愿遵守的，该类标准可以为企业提高食品质量提供指导，以提高产品的市场竞争力。

【示例】绿豆糕的定义、主要成分的含量及其检测方法是否属于食品安全标准内容？

我国于2016年9月22日实施的糕点标准GB7099—2015《食品安全国家标准 糕点、面包》规定了糕点、面包食品安全相关的指标，绿豆糕适用于该标准。按照《食品安全法》第二十六条规定，食品安全标准未涵盖对产品属性鉴别要求的内容。因此，对于绿豆糕的定义、主要成分的含量及检测方法不属于食品安全标准内容，应由有关机构组织制定相关的质量标准进行规范。

第五节　食品安全标准的作用

食品安全标准是政府管理部门为了保证食品安全，对食品中各种危害人体健康因素进行控制的技术法规。因此，食品安全标准具有保护消费者健康、判定食品是否安全、促进产业健康发展以及为促进食品国际贸易提供技术保障等四方面的作用。

一、保护消费者健康

食源性疾病是日益严重的全球性公共卫生问题之一，对人体健康有着极大的影响。无论是发达国家还是发展中国家，食源性疾病时刻威胁着人们的生命健康安全。据世界

卫生组织（WHO）估计，全球每年有6亿人或每年每10人中就有1人因为吃了被污染的食物而生病，其中420000人死亡，包括5岁以下儿童125000人。在我国，威胁食品安全的最大问题同样是致病微生物引起的食源性疾病。长期以来世界各国均将食品安全标准作为保证食品安全，预防和控制食源性疾病的基本手段。国际食品法典委员会强调在世界范围内制定和实施食品安全标准的目的就是保护消费者健康，促进国际公平食品贸易。我国目前的食品安全标准体系，既包括了粮油、蔬菜、肉禽蛋水产品、乳制品、饮料、包装水等各类与人们生活密切相关的食品，也包括食品接触用塑料树脂、不锈钢制品、奶嘴等常用的食品接触材料及制品。在标准的指标中涵盖了食品微生物、污染物、真菌毒素、农药等的限量及食品添加剂等的使用范围及使用量等标准值。在标准的技术要求中既有终产品指标又包括原料、感官等的食品安全要求。既有产品标准也有生产经营过程卫生规范类标准。通过食品安全标准在食品生产经营过程中的强制执行，起到了规范引导食品生产经营者行为及有效控制食品安全风险的作用，有力地保障了食品及食用产品的安全，降低食源性疾病发生。

二、判定食品是否符合安全规定

《食品安全法》对食品的安全性做了原则性的要求，即"食品无毒、无害，符合应当有的营养要求，对人体健康不造成任何急性、亚急性或者慢性危害"。如何判定食品是否"无毒、无害"就需要有具体的客观指标与检验方法来评价，而食品安全标准就是对食品、食品添加剂、食品相关产品及其生产经营过程作出的具体卫生安全要求，是强制性技术法规。《食品安全法》第三十三条及第三十四条分别规定了食品生产经营活动及食品、食品添加剂、食品相关产品应符合食品安全标准要求。对不符合食品安全标准的情形，《食品安全法》也规定了相应的处罚条款。另外，《中华人民共和国刑法修正案（八）》第二十四条规定，生产、销售不符合食品安全标准的食品，造成严重食物中毒事故或者其他严重食源性疾病的，将追究生产经营者的刑事责任。因此，食品安全标准是食品生产经营者及食品安全监管部门判定生产经营行为是否符合安全规定以及食品是否可食用的依据。食品生产经营者生产经营不符合食品安全标准的食品将受到相应的行政处罚，严重者将追究刑事责任。

三、促进产业健康发展

食品安全标准的有效实施可保障食品安全质量。食品生产经营者只有提供安全的食品，才能获得市场的认可，提高产品市场竞争力。食品安全标准作为具体的食品卫生安全技术法规，具有科学性、客观性和公正性的特点，通过食品安全监管部门依法查处不符合食品安全标准的情形，起到了促进产业健康发展和保护公平贸易的作用。另外，食品安全标准已成为被公众所普遍接受的食品安全要求，在处理食品贸易经济纠纷中起到了积极的作用。

四、为促进食品国际贸易提供技术保障

世界贸易组织 1994 年形成的《实施卫生与植物卫生措施协定》（Agreement on the Application of Sanitary and Phytosanitary Measures，SPS 协定）》和《技术性贸易壁垒协定》（Agreement on Technical Barrier to Trade，TBT 协定）从不同角度均规定，各国可以制定食品安全标准，但必须本着对本国国民健康保护的目的，以风险评估结果为依据。我国在制定食品安全标准时，充分考虑本国食品行业的实际情况，科学运用风险评估的技术和方法，我国的食品安全标准在保障国民身体健康的同时，还可以有效地保护我国食品行业的健康发展。

◆◆ 思考题

1. 简述标准与标准化及食品标准的定义。

2. 简述标准与标准化的关系。

3. 根据《食品安全法》，食品安全标准应包含哪些内容？请举例说明。

本章参考文献

艾志录. 食品标准与法规[M]. 北京：科学出版社，2017.

甘藏春，田世宏. 中华人民共和国标准化法释义[M]. 北京：中国法制出版社，2018.

富子梅，冯华，左娅等. 涉及食品安全管理的政府部门共计13个，各个环节谁在管[N]. 人民日报，2011-05-05(13).

柳经纬. 标准与法律的融合[J]. 政法论坛，2016(6)：24-27.

潘红，孙亮. 食品安全标准应用手册[M]. 杭州：浙江工商大学出版社，2018.

王忠敏. 标准化基础知识实用教程[M]. 北京：中国标准出版社，2010.

王竹天，王君. 食品安全标准实施与应用[M]. 北京：中国质检出版社，2015.

魏尔曼. 标准化是一门新学科[M]. 北京：科学技术文献出版社，1980.

第三章　国际食品标准

食品安全问题已成为全球发展的重要议题。通过本章学习,能够理解食品安全领域的国际组织、国际食品法律法规和标准的作用在于协调各国的食品立法和食品标准,消除技术性贸易壁垒,指导各国建立食品安全管理体系,减少食源性疾病,保护公众健康。同时,了解国际食品贸易中技术性贸易壁垒的基本构成。

学习目标

1. 了解世界贸易组织及其TBT协定和SPS协定的基本内容。

2. 了解世界卫生组织、联合国粮农组织与食品法典委员会之间的关系。

3. 熟悉国际标准化组织(ISO);掌握建立质量管理体系的3个阶段;掌握ISO 9000的基本要求及其作用。

4. 了解ISO 14000与ISO 9000的联系和区别;掌握危害分析与关键控制点(HACCP)的7项原则。

国际食品标准一般指的是国际组织和机构制定的食品标准,国际食品标准可以是国际政府间组织制定的标准,也可以是国际非政府组织制定的标准。国际食品标准对于各国没有强制的法律效力,一般仅供各国参考,仅在特定的场合,需要协调国家间的食品贸易争端或纠纷时发挥作用。在食品领域,存在众多制定国际标准的组织。目前国际公认的政府间制定食品标准的组织是由联合国粮农组织(Food and Agriculture Organization of the United,FAO)和世界卫生组织(World Health Organization,WHO)共同建立的国际食品法典委员会(CAC)。CAC标准为保护消费者健康、促进食品的国际公平贸易起到了重要的作用。国际上制定食品标准的非政府组织如国际标准化组织(ISO),其制定的标准也具有较大的国际影响，大量被其他国际组织和国家采用。本章将重点介绍上述几个国际食品标准化机构的相关内容。

第一节　世界贸易组织（WTO）及其法规和标准

一、世界贸易组织（WTO）简介

1994 年 4 月 15 日，在摩洛哥举行的关贸总协定乌拉圭回合部长会议决定，成立更具全球性的世界贸易组织（WTO），以取代成立于 1947 年的"关税与贸易总协定"（GATT）。作为唯一的世界性贸易专门组织，世贸组织目前拥有 164 个成员，这些成员的贸易总额达到全球的 98%，遂有"经济联合国"之称。

（一）WTO 的组织结构

为了有效发挥世界贸易组织的功能，实现其宗旨和职能，世贸组织建立了相应的会议机制和常设机构来完成其日常任务，以确保组织机构的正常运转。

1. 部长级会议

部长级会议是世贸组织的最高决策权力机构，由所有成员主管外经贸的部长、副部长级官员或其全权代表组成，至少每两年召开一次会议。部长级会议履行世贸组织的职能，讨论和决定所有相关重要问题，并采取必要的行动。例如，对世界贸易组织协议和多边贸易协定做出解释等。

2. 总理事会

在部长级会议休会期间，其职能由总理事会行使，总理事会由全体成员组成，按照《建立世界贸易组织的协定》指定的职能，根据其职权范围召开会议，主要包括：视情况需要随时开会，自行拟定议事规则及议程；酌情召开会议，履行《争端解决谅解》规定的职责；酌情召开会议，履行贸易政策审议机制中规定的职责。

总理事会下设 3 个理事会：货物贸易理事会、服务贸易理事会、与贸易有关的知识产权理事会，分管国际贸易中的 3 个不同领域，向总理事会报告，所有成员均可参加各理事会。此外，总理事会还下设处理特定的贸易及其他有关事宜的专门委员会，所有成员均可参与，包括：贸易与发展委员会，贸易与环境委员会，国际收支限制委员会，预算、财务与行政委员会，区域贸易协议委员会和最不发达国家委员会等 10 多个专门委员会。

3. 秘书处与总干事

秘书处的工作人员由总干事选派和领导，并按部长级会议通过的规则决定他们的职责和服务条件。秘书处的主要职能是：研究国际贸易问题；为世界贸易组织各项活动提供服务；培训成员政府官员；监督各委员会工作及争端解决程序执行；促进成员贸易谈判；负责定期审议各国贸易政策；敦促成员进行必要改革。

总干事是秘书处的负责人，也被认为是世贸组织的行政首脑，由部长级会议直接任命，并决定其权力、职责、服务条件和任期规则。总干事主要有以下职责：可以最大限度地向各成员施加影响，要求它们遵守世贸组织规则；要考虑和预见世贸组织的最佳发展方针；帮助各成员解决它们之间所发生的争议；负责秘书处的工作，管理预算和所有成员有关的行政事务；主持协商和非正式谈判，避免争议。

（二）WTO的宗旨、职能与基本原则

世贸组织的宗旨在于，提高生活水平，保证充分就业和大幅度稳步地提高实际收入和有效需求；扩大货物和服务的生产与贸易；坚持走可持续发展之路，合理利用资源，保护和维护环境；积极努力确保发展中国家，尤其是最不发达国家成员贸易和经济的发展；建立一体化的多边贸易体制。

世贸组织的职能包括：负责世贸组织多边协议的实施、管理和运作；为其成员就多边贸易关系进行的谈判和部长会议提供场所；解决争端；审议各成员的贸易政策；处理与其他国际经济增长的关系；对发展中国家和最不发达国家提供技术援助和培训。

世贸组织的基本原则共有9种，成为世贸组织的基准总则。（1）无歧视待遇原则：指任何一方不得给予另一方特别的贸易优惠或加以歧视；（2）最惠国待遇原则：指WTO成员一方给予任何第三方的优惠和豁免，将自动给予各成员方；（3）国民待遇原则：指缔约方之间相互保证给予另一方的自然人、法人和商船在本国境内享有与本国自然人、法人和商船同等的待遇；（4）透明度原则：成员方应公布所制定和实施的贸易措施（法令、条例、行政决定和司法判决等）及其变化情况，没有公布的措施不得实施，同时还应将这些贸易措施及其变化情况通知世贸组织；（5）贸易自由化原则：指通过限制和取消一切妨碍和阻止国际贸易开展与进行的所有障碍，包括法律、法规、政策和措施等，促进贸易的自由发展；（6）市场准入原则：指以要求各国开放市场为目的，有计划、有步骤、分阶段地实现最大限度的贸易自由化，主要包括关税减让、取消数量限制和非关税壁垒的消除等；（7）互惠原则：指两国相互给予对方贸易上的优惠待遇；（8）对发展中国家和最不发达国家优惠待遇原则：指给予这两类国家一定期限的过渡期优惠待遇；（9）公正、平等处理贸易争端原则：指调解争端时，以成员方之间在地位对等基础上的协议为前提。

（三）WTO成员的权利和义务

世界贸易组织截至2020年3月，共拥有164个成员和24个观察成员，加入世贸组织后，各成员之间享有的权利和履行的义务如下。

1.基本权利

（1）其产品、服务和知识产权在各成员中享受无条件、多边、永久和稳定的最惠国待遇以及国民待遇。

（2）享受其他世界贸易组织成员开放或扩大货物、服务市场准入的利益。

（3）发展中国家成员可享受一定范围的普惠制待遇、大多数优惠或过渡期安排。

（4）利用世界贸易组织的争端解决机制，公平、客观、合理地解决与其他国家的经贸摩擦，营造良好的经贸发展环境。

（5）参加多边贸易体制的活动，获得国际经贸规则的决策权。

（6）享受世界贸易组织成员利用各项规则、采取例外、保证措施等促进本国经贸发展的权利。

2.基本义务

（1）在货物、服务、知识产权等方面，依世贸组织规定，给予其他成员最惠国待遇、国民待遇。

（2）依世贸组织相关协议规定，扩大货物、服务的市场准入程度，即具体要求降低关税和规范非关税措施，逐步扩大服务贸易市场开放。

（3）按《知识产权协定》规定进一步规范知识产权保护。

（4）按世贸组织争端解决机制，与其他成员公正地解决贸易摩擦，不搞单边报复。

（5）增加贸易政策、法规的透明度。

（6）规范货物贸易中对外资的投资措施。

（7）按在世界出口中所占比例缴纳一定会费。

二、世界贸易组织与《技术性贸易壁垒协定》（WTO/TBT）

由WTO的前身"关税与贸易总协定"（GATT）于1986至1994年举行的乌拉圭多边贸易谈判，讨论了包括食品贸易在内的产品贸易问题，并最终形成了与食品密切相关的两个正式协议，即《技术性贸易壁垒协定》（TBT协定）和《实施卫生与植物卫生措施协定》（SPS协定）。这两项协议都明确规定CAC食品法典在食品贸易中具有准绳作用。

（一）TBT协定简介

TBT协定是世贸组织管辖的一项多边贸易协议，其前身是《关税与贸易总协定贸易技术壁垒协定》（GATT/TBT）。TBT协定全文覆盖6个大部分、15个条款、3个附件和8个术语，主要条款有：总则、技术法规和标准、符合技术法规和标准、信息和援助、机构、磋商和争端解决、最后条款。该协议适用于所有产品，包括工业品和农产品，但涉及卫生与植物卫生措施的，由SPS协定进行规范，政府采购实体制定的采购规则不受该协议约束。在内容上，TBT协定突出论述了实现技术协调的两项基本措施：采用国际标准和实施通报制度。该协议在执行WTO原则、特别条款、成员间技术援助、对发展中国家的特殊待遇和争端解决等方面都做了详细规定。

在WTO的众多协议中，TBT协定是一个帮助各成员减少和消除技术性贸易壁垒的重要协调文件，是唯一一项专门协调各成员在制定、发布和实施技术法规、标准及合格评定程序等方面行为的国际准则。目前，各国政府及地方机构制定的技术法规、标准及合格评定程序对国际贸易的影响越来越广，所产生的障碍越来越大。许多国家借此抬高国外产品、服务进入本国市场的门槛。因此，TBT协定在该领域发挥着协调和解决争端的重要作用，确保技术法规、非强制性标准和合格评定程序不会为国际贸易带来不必要的障碍（除非这些是SPS协定中定义的SPS措施，即保护人类、动物或植物健康的措施除外）。

1. TBT协定对技术法规的定义

技术法规是指，规定产品特性或与其有关的工艺过程和生产方法，包括适用的管理条款，并强制执行的文件。当它们用于产品、工艺过程或生产方法时，技术法规也可包括或仅仅涉及术语、符号、包装、标志或标签要求。目前，我国法律还没有关于技术法规的统一规定，但在入世谈判中，各方都承认我国的强制性标准（目前主要为强制性国家标准）是技术法规的主要表现形式。

2. TBT协定对标准的定义

标准是指，由公认机构批准、供共同和反复使用的、非强制性实施的文件。它为产品或有关的工艺过程或生产方法提供准则、指南或特性。当它用于某种产品、工艺过程或生产方法时，标准也可包括或仅仅涉及术语、符号、包装、标志或标签要求。TBT协定规定的标准是推荐性的，国际标准化组织（ISO）或国际电工委员会（IEC）指南定义的标准分为自愿性和强制性的，我国标准的性质同样分为强制性和推荐性两大类。

3. TBT协定对合格评定程序的定义

合格评定程序是指，直接或间接用以确定是否达到技术法规或标准中有关要求的程序。合格评定程序主要包括：抽样、测试和检查程序，有关合格的评估、验证与合格保证程序，注册、认可和批准以及各项的组合。我国推荐性国家标准GB/T 19000-ISO 9000质量管理体系认证、GB/T 24000-ISO 14000环境管理体系认证，以及我国实施的3C认证和农产品的认证等都是合格评定程序的范畴，我国已经成立了国家认证认可监督管理委员会，由国家市场监督管理总局管理，负责统一管理、监督和综合协调全国的认证认可工作。

（二）TBT协定的宗旨

TBT协定的宗旨在于，使国际贸易自由化和便利化，在技术法规、标准、合格评定程序以及标签标识制度等技术要求方面开展国际协调，遏制以带有歧视性的技术要求为主要表现形式的贸易保护主义，最大限度地减少和消除国际贸易中的技术性贸易壁垒，为世界经济全球化服务。保护人类、动物或植物的生命或健康，保护环境、防止欺骗行为。

（三）TBT协定的基本原则

TBT协定的基本原则包括：避免不必要的贸易壁垒原则、非歧视原则、协调原则、等效和相互承认原则、透明度原则，主要内涵大致如下。

（1）技术法规、标准和合格评定程序的制定，都应以国际标准化机构制定的相应国际标准、导则或建议为基础；它们的制定、采纳和实施不应给国际贸易造成不必要的障碍。

（2）在涉及国家安全要求、防止欺诈行为、保护人类健康或安全、保护动植物的生命和健康以及保护环境的情况下，允许成员实施与上述国际标准、导则或建议不尽一致的技术法规、标准和合格评定程序，但必须提前一个适当的时期，按一般情况及紧急情况下的两种通报程序，予以事先通报；应允许其他成员方对此提出书面意见，并考虑这些书面意见。

（3）实现各国认证制度相互认可的前提，应以国际标准化机构颁布的有关导则或建议作为其制定的合格评定程序的基础。

（4）在市场准入方面，TBT协定要求实施最惠国待遇和国民待遇原则。

（5）就贸易争端进行磋商和仲裁方面，TBT协定要求遵照"关于争端处理规则和程序的谅解协议"。

（6）为了回答其他成员方的合理询问和提供有关文件资料，TBT协定要求每一成员确保设立一个咨询点。

三、世界贸易组织与《实施卫生与植物卫生措施协定》（WTO/SPS）

SPS协定是世贸组织在长达8年之久的乌拉圭回合谈判的一个重要的国际多边协议成果。随着国际贸易的发展和贸易自由化程度的提高，各国实行动植物检疫制度对贸易的影响越来越大，某些国家尤其是一些发达国家为了保护本国农畜产品市场，多利用技术性贸易壁垒措施来阻止国外尤其是发展中国家农畜产品进入本国市场，其中动植物检疫就是一种隐蔽性很强的技术壁垒措施。由于GATT和TBT协定对动植物卫生检疫措施约束力不够，要求不够具体，为此在乌拉圭回合谈判中，许多国家提议制定了SPS协定，该协定对国际贸易中动植物检疫提出了具体要求。

（一）SPS协定简介

SPS协定是WTO协议原则渗透的动植物检疫工作的产物，该协议涉及动植物、动植物产品和食品的进出口规则。SPS协定包括14个条款和3个附件，主要条款有：总则、基本权利和义务、协商、等效、风险评估和适当的卫生与植物卫生保护水平的确定、透明度、技术援助、特殊和差别待遇、磋商和争端解决、最后条款。

SPS协定所指的卫生与动植物检疫是指为了防止人类或动植物传染病的传染由各国所采取的检疫管理措施，其所涵盖的范围十分广泛，涉及所有可能直接或间接影响国际贸易的卫生与动植物检疫措施。因而，SPS协定允许WTO成员以保护人类、动物和植物的生命或健康为前提所采取的任何措施。这些措施可以称为"卫生措施"或SPS措施。SPS措施可以采用与食品安全相关的法律、法令、法规、要求或程序的形式，其中特别包括：最终产品标准；加工和生产方法；测试；检验；认证和认可程序；包括与动植物运输或在运输途中动植物生存所需物质有关的要求在内的检疫处理；有关统计方法、取样程序和危险评估方法的规定；以及与食品安全直接相关的包装和贴标签要求。常见的SPS措施包括：为了减少病原体而对源自生物技术、肉类和家禽类产品的加工标准的监管；对食品中农药残留的限量；对食品和动物饲料添加剂、食品或饮料中的有毒物质的限制；与食品安全直接相关的标签要求等。

（二）SPS协定的目标

SPS协定的基本目标：为保护国家主权，任何政府有权提供其认为合适的健康保护标准，但应确保这些权利不为保护主义目的所滥用，并不产生对国际贸易的不必要的障碍。因此，保护人类、动植物的生命和健康与促进贸易自由化是SPS协定的两大主要目标。

（三）SPS协定的基本要求

SPS协定允许各成员方实施各种卫生与动植物检疫措施，但要尽量避免其产生的负面影响，又对各成员方实施这些措施规定了一系列限定要求，这些限制规则主要包括以下内容。

（1）SPS协定第2条第2款关于权利义务的规定："各成员应保证任何卫生与动植物卫生措施仅在为保护人类、动物或植物的生命或健康所必需的限度内实施。"对于如何满足"必需的限度"，SPS协定第5条进一步规定了"风险评估和适当的卫生与动植物卫生保护水平的确定"，如下所示。

①各成员应保证其卫生与动植物卫生措施的制定以对人类、动物或植物的生命或健康所进行的、适合有关情况的风险评估为基础，同时考虑有关国际组织制定的风险评估技术。

②在进行风险评估时，各成员应考虑可获得的科学证据；有关工序和生产方法；有关检查、抽样和检验方法等条件。

③各成员在确定适当的卫生与动植物卫生保护水平时，应考虑将对贸易的消极影响减少到最低程度的目标。

④各成员应避免其认为适当的保护水平在不同的情况下存在任意或不合理的差异，如此类差异造成对国际贸易的歧视或变相限制。

（2）科学要求：各成员实施卫生与动植物卫生措施，应根据科学原理，如无充分的科学证据则不再维持。

（3）非歧视要求：各成员应保证其卫生与动植物卫生措施不在情形相同或相似的成

员之间，包括在成员自己领土和其他成员的领土之间构成任意或不合理的歧视。

（4）透明度要求：各成员应依照附件B的规定通知其卫生与动植物卫生措施的变更，并提供有关其卫生与动植物卫生措施的信息。

（5）国际协调要求：为在尽可能广泛的基础上协调卫生与动植物卫生措施，各成员的卫生与动植物卫生措施应根据现有的国际标准、指南或建议制定，但可以存在例外情况，比如成员方可以在科学依据的基础上制定较高水平的卫生与动植物卫生措施。

第二节　国际标准化组织（ISO）及其标准

一、ISO的简介

国际标准化组织（ISO）是世界上最大、最权威的非政府性标准化机构。ISO的前身是国家标准化协会国际联合会（ISA）和联合国标准协调委员会（United Nations Standards Coordinating Committee，UNSCC）。

国际标准化活动最早开始于电子领域，1906年成立了世界上最早的国际标准化机构——国际电工委员会（IEC）。其他技术领域的工作则由1926年成立的ISA承担，重点在机械工程领域。1946年10月，中、英、美、法、苏等25个国家标准化机构的代表集会于伦敦，正式表决通过建立新的国际标准化机构，定名为ISO。大会起草了ISO的第一个章程和议事规则，并得到15个国家标准化机构的认可。1947年2月23日，国际标准化组织（ISO）正式成立，总部设在瑞士的日内瓦。1951年，ISO发布了第一个标准——工业长度衡量用标准参考温度。

（一）ISO的成员

目前，ISO共有164个成员。ISO的成员分为正式成员、通信成员和注册成员3个类别。

（1）正式成员是指最具有代表性的全国标准化机构，且每个国家只能有1个机构代表其国家参加ISO。正式成员通过参与和投票ISO技术和政策会议，影响ISO标准的制定和相关标准策略。正式成员有权在国内销售并采用ISO国际标准。

（2）通信成员是指尚未建立全国标准化机构的发展中国家（或地区）。通信成员不参加ISO技术工作，但可了解ISO的工作进展情况，即以观察员身份参加ISO技术和政策会议，了解ISO标准和策略的制定。通信成员同样可以在国内（或地区内）销售和采用ISO国际标准。经若干年后条件成熟，通信成员可转为正式成员。

（3）注册成员可以及时了解ISO的工作，但不能参与其中。他们无法在国内销售或采用ISO国际标准。

（二）ISO的组织结构

ISO的组织机构如图3-1所示。

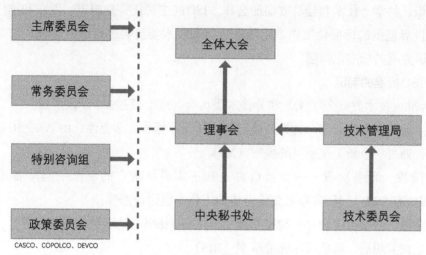

图3-1 ISO的组织结构

（1）全体大会是ISO的最高权力机构，具有最终权威。全体大会由各成员代表和ISO高级官员出席其周年会议，商讨年度报告中涉及的项目活动情况、ISO的战略计划和财政情况等。

（2）理事会是ISO常务领导机构或核心治理机构，负责ISO的日常运行，决定中央秘书处每年的预算，并向大会报告。ISO理事会每年举行3次会议，下设主席委员会（PC）、常务委员会（CSC）、特别咨询组（AG）、政策委员会（PDC）以及其他若干专门委员会，如合格评定委员会（CASCO）、消费者政策委员会（COPOLCO）和发展中国家事务委员会（DEVCO）。

①主席委员会就理事会决定的事项向理事会提供建议。

②常务委员会处理与财务（CSC/FIN）、策略及政策（CSC/SP）、管理职位的提名（CSC/NOM）以及ISO管理措施的监督（CSC/OVE）有关的事宜。

③特别咨询组就ISO的商业政策（CPAG）及信息科技（ITSAG）等事宜提供意见。

④合格评定委员会主要制定有关产品认证、质量体系认证、实验室认可和审核员注册等方面的准则。

⑤消费者政策委员会主要制定指导消费者利用标准保护自身利益的指南。

⑥发展中国家事务委员会是一个专门从事帮助发展中国家工作的机构，管理ISO发展计划，提供经费和专家，帮助发展中国家推进标准化工作

（3）技术管理局（TMB）负责技术工作的管理，并向ISO理事会报告。TMB还管理负责制定标准的技术委员会（TC）以及就技术事项设立的战略咨询委员会的工作。

（三）ISO的宗旨和任务

ISO的宗旨是促进全世界范围内标准化工作的开展，以便利国际物资交流和服务，并扩大在知识、科学、技术和经济方面的合作。ISO的主要任务是制定、发布和推广国际标准，协调世界范围的标准化工作，组织各成员和技术委员会进行情报交流，与其他国际组织合作研究有关标准化问题。

（四）ISO标准的制定

ISO标准由技术委员会（TC）和分技术委员会（SC）经过6个阶段形成。

第一阶段：申请阶段——首先要确定制定新国际标准的必要性，由TC或SC的成员投票表决是否通过一个新工作项目的提案（NP）；

第二阶段：预备阶段——项目负责人和正式成员指定的专家一起准备工作草案（WD），或所有专家认同后将草案交给合作的工作小组讨论修改；

第三阶段：委员会阶段——确定草案后，由ISO秘书处注册并分发给各成员，由其对技术内容达成共识后，形成国际标准草案（DIS）；

第四阶段：审查阶段——由ISO秘书处将DIS文件发送给所有成员，以便各成员在3个月内投票表决，是否将DIS文件确定为最终国际标准草案（FDIS）；

第五阶段：批准阶段——由ISO秘书处将FDIS文件发送给所有成员，以便各成员在2个月内投票表决，是否将FDIS文件作为国际标准发布；

第六阶段：发布阶段——一旦FDIS被认可，由ISO秘书处将其最终版进行印刷和发布。

发布后的ISO标准，需要接受所有成员至少5年的考察，最后由TC或SC的正式成员决定对ISO标准是认可、修订或撤回。

二、ISO 9000质量管理体系系列标准

ISO系列标准体系是由ISO在总结过去质量检验和对质量管理结果统计的基础上，制定的一系列质量保证模式。其中，ISO 9000、ISO 14000、ISO 22000分别在食品生产的质量、环境、安全三个方面为食品生产过程提供合理的指导。

（一）ISO 9000简介

ISO 9000族标准是指由ISO/TC176（质量管理和质量保证技术委员会）制定的所有国际标准。ISO 9000不是指一个标准，而是一族标准的统称，ISO 9000的总体结构如表3-1所示。ISO 9000族标准不是产品的技术标准，而是针对组织的管理结构、人员、技术能力、各项规章制度、技术文件和内部监督机制等一系列体现组织保证产品及服务质量的管理措施的标准。该族标准主要针对企业活动中的质量管理环节，同时涵盖了部分行政管理和财务管理的范畴。

ISO 9000系列标准从机构、程序、过程和改进4个方面规范产品或服务的质量管理，其中，"机构"强调对管理机构及其权能的明确，"程序"强调产品和服务的规范化，"过程"强调全过程控制质量和可追溯性，"改进"强调对质量管理体系的不断总结和改进。

表3-1　ISO 9000系列标准总体结构

核 心 标 准	
ISO 9000：2015	质量管理体系 基础和术语
ISO 9001：2015	质量管理体系 要求
ISO 9004：2018	质量管理体系方法 实现高效管理
ISO 19011：2018	质量管理体系 内部和外部管理体系审核指南
支持性标准和文件	
ISO 10002：2018	ISO 10014：2006
ISO 10005：2018	ISO 10017：2003
ISO 10006：2017	ISO 10018：2012
ISO 10007：2017	ISO 10019：2005

（二）ISO 9000的基本要求

ISO 9000系列标准的基本指导思想在于，确保质量体系的实施能满足组织规定的质量目标，确保影响产品或服务的技术、管理和人员因素处于受控状态，确保所有控制应针对减少、消除、预防不合格，具体体现在以下方面。

1.过程方法

将每一项活动都作为一个过程来管理，确保每个过程的质量后，再进行整体控制，这是ISO 9000族标准关于质量管理的理论基础。

2.全过程预防不合格

从采购、生产过程、检验和试验到包装等环节，均要采取有效措施，预防出现不合格问题。

3.领导作用

组织的最高管理者应明确质量方针、确定各岗位职能、配备资源、指定管理者代表负责质量体系、负责管理评审，从而确保质量体系持续的适宜性和有效性，保证整体的一致性和协调性。

4.以顾客为关注焦点

组织在制定方针、目标，设定组织结构、工作流程等环节应以顾客需求为焦点，交付满足顾客需要和期望的质量。

5.建立并实施质量体系文件

典型的质量体系文件分为3个层次——质量手册、质量体系程序和其他质量文件，这些文件通过规范化记录和实施，确保质量体系的系统具有很强的操作性和检查性。

6.持续改进

持续的质量改进是一个重要的质量体系因素，质量改进通过改进过程来实现，是一种以追求更高的过程效益和效率为目标，包括产品/服务质量改进和工作质量改进。

7.定期评价质量体系

其目的是确保各项质量活动的实施及其结果符合计划安排，确保质量体系持续的适宜性和有效性。

（三）质量保证体系的建立实施

在建立、实施与保证质量管理体系时，不同的组织可根据自己的特点和实际情况，采取不同的步骤和方法。通常，建立质量管理体系的过程可以分为3个阶段。

第一阶段——策划：列出组织的主要业务活动和过程，确定建立质量管理体系的覆盖范围。

第二阶段——实施：对比各部门工作与组织的主要业务和过程，识别并确定标准中的条款与组织主要业务和过程，完善组织的质量管理体系。

第三阶段——保持：根据有关质量管理体系的信息反馈，不断提高员工观念意识，监测组织中各项活动和过程的变化。

（四）ISO 9000的作用

ISO 9000系列标准总结了发达国家企业的先进管理经验，为组织完善管理、企业提高产品或服务质量提供了科学的指导，有利于帮助组织建立、实施并有效运行质量管理体系，是质量管理体系通用的要求或指南。

概括起来，ISO 9000系列标准的作用主要体现在以下几个方面：（1）有利于提高组织的质量管理体系运作能力和管理水平，达到法治化、科学化的要求，极大提高质量管理的有效性和效率；（2）实现产品和服务质量的持续稳定提高，增强企业的市场竞争力，提高企业的经济效益；（3）消除了国际贸易中的技术性贸易壁垒，促进国际技术交流合作；（4）通过第三方独立且公正的认证，节省了第二方认证（指由组织的顾客或以其名义对组织的质量管理体系所进行的认证）的精力和费用，有效避免不同顾客对组织能力的重复评定，提高了经济贸易的效率。

目前，我国已将ISO 9000系列标准等同采用为国家标准，其标准编号分别为：

（1）GB/T 19000—2016《质量管理体系 基础和术语》（等同采用ISO 9000：2015）。

（2）GB/T 19001—2016《质量管理体系 要求》（等同采用ISO 9001：2015）。

（3）GB/T 19002—2018《质量管理体系 GB/T 19001—2016应用指南》（等同采用ISO/TS 9002：2016）。

（4）GB/T 19004—2020《质量管理 组织的质量 实现持续成功指南》（ISO 9004:2018）。

三、ISO 14000环境管理系列标准

（一）ISO 14000简介

ISO 14000族标准是ISO/TC 207（环境管理技术委员会）从1993年开始制定、于1996年发布的一系列环境管理国际标准的总称，该族标准融合了许多发达国家在环境管理方面的经验，是一种完整的、操作性很强的体系标准。ISO 14000族标准是一个系列的环境标准，如表3-2所示，它包括环境管理体系、环境审核、环境标志、生命周期评估等国际环境管理领域内的许多焦点问题，旨在规范组织的环境质量，使之与社会经济发展相适应，以达到节约资源，促进经济的可持续发展。

表3-2　ISO 14000系列标准

类别	名称	标准号
SC 1	环境管理体系（EMS）	14001~14009
SC 2	环境审核（EA）	14010~14019
SC 3	环境标志（EL）	14020~14029
SC 4	环境行为评价（EPE）	14030~14039
SC 5	生命周期评估（LCA）	14040~14049
SC 6	术语和定义（T&D）	14050~14059
WG 1	产品标准中的环境指标	14060

ISO 14000族标准的中心是环境管理体系（Environmental Management System，EMS），它是一项内部管理工具，用来帮助组织实现自身设定的环境水平，并加以改善。根据ISO 14001标准中的定义，环境管理体系是一个组织内全面管理体系的组成部分，它包括为制定、实施、实现、评审和保护环境方针所需的组织机构、规划活动、机构职责、惯例、程序、过程和资源，还包括组织的环境方针、目标和指标等管理方面的内容。

ISO 14000族标准的主干标准是ISO 14001标准，它是组织建立和实施环境管理体系（EMS）并通过认证的依据。ISO 14001的重点在于管理而不是针对技术的设定，即允许组织拥有自己的环境条例，ISO 14004是对企业运行系统技术的指导纲要，即ISO 14001是建立EMS的指导方针，ISO 14004是具体的说明和建议。

1.ISO 14000的分类

按标准性质，ISO 14000可分为3类：（1）基础标准，即术语标准；（2）基本标准，

包括环境管理体系、规范、原理、应用指南；（3）支持技术类标准（工具），包括环境审核、环境标志、环境行为评价、生命周期评估。

按标准功能，ISO 14000可分为2类：（1）评价组织，即环境管理体系、环境行为评价、环境审核；（2）评价产品，即生命周期评估、环境标志、产品标志中的环境指标。

2. ISO 14000 的目的

ISO 14000族标准的用户是全球商业、工业、政府、非营利组织和其他用户。ISO 14000建立的目的在于，规范企业和社会团体等组织的环境行为，节省资源，减少环境污染，改善环境质量，促进经济持续、健康发展，消除世界贸易中技术性贸易壁垒。

3. ISO 14000 的特点

ISO 14000建立在ISO 9000的基础上，与ISO 9000具有兼容性。在建立环境体系中，ISO 14000强调以预防为主，实施全过程控制，以符合法律法规和标准以及满足相关方需求为基础，实现对环境的持续改进。ISO 14000的特点可以概括为以下几方面。

（1）完整有效的管理体系：ISO 14000采用管理型国际标准，通过建立和实施一套完整的标准体系，在组织内部建立起一个完整有效的文件化管理体系，强调实现管理体系的持续改进。

（2）符合法律法规要求：ISO 14000系列标准是人类的生存环境和人类自身的共同需要，这无法通过合同体现，只能通过利益相关方，主要由政府用法律、法规来体现社会的需要，所以ISO 14000的最低要求是达到政府规定的环境法律、法规与其他要求。

（3）预防为主和持续改进：ISO 14000族标准要求组织承诺遵守环境法律、法规及其他要求之外，还要对污染预防和持续改进做出承诺。

（4）环境影响评价：ISO 14000族标准有环境影响评价，主要体现在ISO 14001标准中根据环境影响确定环境因素，评价重要因素，分解目标为指标，拟定可供选择的方案，并通过审核机制产生环境绩效，实现持续改进，不断减少负面环境影响。

4. ISO 14000 的主要内容

ISO 14000族标准共预留100个标准号，该族标准共分7个系列，其编号为ISO14001—14100，如表3-2所示。

环境管理体系（EMS）：要求企业在环保事务上自行设定目标，测量环境，检讨目标，沟通再改进；不仅要符合现行环保法律法规，更希望企业将环保观念推广到全机构或全行业，成为企业管理的观念和文件。

环境审核（EA）：要求企业全面、系统分析其产品、服务、活动方式对环境造成的影响。在环境审核中，企业从发现的问题出发，界定自身的环保政策或指标，进一步修正计划，以达到环境目标。

环境标志（EL）：根据ISO/TC 207划分为3种。Ⅰ型：第三方认证用的生态标志，是世界各国或国际所采用的环保标志制度。通过政府或政府所支持的非营利私人组织推动，有一定申请标准和制度；Ⅱ型：自我声明提供环境信息的标志。是制造商、进口商、经销商或零售商在产品或包装上所做的有利于环保的声明；Ⅲ型：对声明的指标经独立检验而确定其产品质量的标志。是私人验证机构与申请厂商签约，经测试核发使用的环境标志，其产品的项目及规格标准并不公开。

环境行为评价（EPE）：用以测量、分析、评估及描述组织的环境行为，并与原定的环境管理标准相比较。

生命周期评估（LCA）：用科学方法，系统清查和盘点产品、服务在生命周期（原料获得、制造、使用、废弃物处理）中所使用的能源、资源及排放的污染物，并加以评估量化，了解其对环境产生的破坏作用，得出结论供其改善参考。

5. ISO 14000 的作用和意义

通过实施 ISO 14000 族标准：（1）可使环境保护贯穿组织内部工作全过程，利于组织自觉节能降耗、消除污染，进而减少人类活动对环境的污染和破坏，实现可持续发展；（2）可以优化企业的环境行为，利于消除国际贸易中的技术性贸易壁垒，促进国际贸易的发展；（3）可以节约资源和能源，降低产品和服务成本，提高企业的市场竞争力，获得最佳经济效益和可持续发展；（4）使得组织在实施标准中，遵守法律、法规及相关的环境标准；（5）有利于营造一个良好的环境管理社会氛围。

目前，我国已将 ISO 14000 族标准等同采用为国家标准，如表3-3所示。

表3-3　我国国家标准对 ISO 14000 的采标情况

序号	标准编号	标准名称	等同采用ISO国际标准
1	GB/T 24001—2016	环境管理体系 要求及使用指南	ISO 14001：2015
2	GB/T 24004—2017	环境管理体系通用实施指南	ISO 14004：2016
3	GB/T 24015—2003	环境管理现场和组织的环境评价（EASO）	ISO 14015：2001
4	GB/T 24020—2000	环境管理环境标志和声明通用原则	ISO 14020：1998
5	GB/T 24021—2001	环境管理环境标志和声明自我环境声明（Ⅱ型环境标志）	ISO 14021：1999
6	GB/T 24024—2001	环境管理环境标志和声明Ⅰ型环境标志原则和程序	ISO 14024：1999
7	GB/T 24031—2021	环境管理 环境绩效评价 指南	GB/T 24031：2013
8	GB/T 24034—2019	环境管理环境技术验证	ISO 14034：2016
9	GB/T 24040—2008	环境管理生命周期评价原则与框架	ISO 14040：2006
10	GB/T 24044—2008	环境管理生命周期评价要求与指南	ISO 14044：2006
11	GB/T 24050—2004	环境管理术语	ISO 14050：2002
12	GB/T 24062—2009	环境管理将环境因素引入产品的设计和开发	ISO/TR 14062：2002

四、ISO 22000食品安全管理系列标准

食品安全一直受到各国政府和世界范围内消费者关注，而从他国进口的食品对消费者是否是健康安全的，需要一个科学、规范、有效的管理体系标准来指导保障食品安全。但各国规范食品安全的法律、法规和标准的种类繁多且不统一，常会因此形成技术性贸易壁垒，阻碍食品国际贸易的顺利进行。因此，既能够满足市场需求，又有能力提供安全食品、可用于审核的国际标准便应运而生——ISO 22000国际标准。

（一）ISO 22000简介

ISO 22000国际标准是由国际标准化组织的ISO/TC 34（农产食品技术委员会）所成立的第8工作组（WG 8）制定的国际标准。ISO 22000不仅是通常意义上的食品加工规则和法规要求，还是一个更为集中、一致和整合的食品安全体系，它既是提出食品安全管理体系要求的使用指导标准，又是可供认证和注册的可审核标准。

ISO 22000将危害分析与关键控制点（HACCP）体系的基本原则与应用布置融合在一起，HACCP作为一种系统方法，是保障食品安全的基础。它对食品生产、贮存和运输过程中所有潜在的生物的、物理的、化学的危害进行分析，并制定一套全面有效的计划来防止或控制这些危害。ISO 22000进一步确定了HACCP在食品安全体系中的地位，统一了全球对HACCP的解释，帮助企业更好地使用HACCP原则。因此在某种意义上，ISO 22000就是一个国际HACCP体系标准，或是整个食品供应链中实施HACCP技术的一种工具。

1. HACCP

HACCP是hazard analysis critical control point的英文缩写，即危害分析与关键控制点。HACCP是国际上最有权威的食品安全质量保证体系，主要对食品中生物、化学和物理危害进行安全控制。HACCP的核心在于，确保食品在整个生产过程中免受可能发生的生物、化学和物理因素的危害。其宗旨在于，将这些可能发生的食品安全危害消除在生产过程中，而不是靠事后检验来保证产品的可靠性。

作为一种控制食品安全危害的预防性体系，通过运用HACCP使食品安全危害风险降低到最小或可接受的水平，预测和防止在食品生产过程中出现影响食品安全的危害，防患于未然，降低产品损耗。作为一套确保食品安全的管理系统，HACCP一般由下列各部分组成：（1）对从原料采购、食品加工、消费各个环节可能出现的危害进行分析和评估；（2）根据这些分析和评估来设立某一食品从原料直至最终消费这一全过程的关键控制点；（3）建立起能有效监测关键控制点的程序。这种管理系统的优点在于，将安全保证的重点，由传统的对最终产品的检验转移到对工艺过程及原料质量进行控制。这样可以避免因批量生产不合格产品而造成的巨大损失。

HACCP的基本概念可分为两个部分：（1）危害分析——分析食品制造过程中各个步骤的危害因素及危害程度；（2）关键控制点——依危害分析结果设定主要控制点及其控制点的方法。

HACCP体系具体包括以下7项原则。

（1）进行危害分析：危害是指食品中产生的潜在的有健康危害的生物、化学或物理因子或状态。危害分析包括3个方面内容：明确危害、危害评估并确认显著危害、提出显著危害的预防控制措施。

（2）确定关键控制点（critical control points，CCPs）：关键控制点是指可进行控制，并能防止或消除食品安全危害，或将其降低到可接受水平的必需的步骤。

（3）确定各关键控制点关键限值（critical limits，CL）：关键限值是指区分可接受与不可接受水平的指标。

（4）建立各关键控制点的监控程序：为确保加工始终符合关键限值，对关键控制点的监控是必需的，主要是为了评估关键控制点是否处于控制之中，对被控制参数所作的有计划的、连续的观察或测量活动，以便当一个关键控制点发生偏离时，可以及时采取纠偏行动。

（5）建立纠偏行动程序：一旦危害确认，相应的关键限值程序被制定下来，监测程序被建立，下一步需要做的就是建立纠偏行动程序。纠偏行动是监测结果表明失控时，在关键控制点上所采取的行动。

（6）建立证明HACCP系统有效运行的验证程序：验证（verification）是指除监控外，用以确定是否符合HACCP计划所采用的方法、程序、测试和其评价方法的应用。验证程序的正确制定和执行是HACCP计划成功实施的重要基础，验证的目的是提供置信水平。

（7）建立关于所有适用程序和这些原理及其应用的记录系统：应用HACCP体系必须有效、准确地保存记录，建立有效的文件管理程序，使HACCP体系文件化。

2. ISO 22000 的基本内容和特点

ISO 22000族标准的组成如表3-4所示，该族标准是适用于整个食品供应链的食品安全管理体系框架。ISO 22000族标准覆盖了食品链中包括餐饮的全过程，即种植、养殖、初级加工、生产制造、储运、分销，一直到消费者使用。同时包括与食品链中主营生产经营组织相关的其他组织，如设备生产、包装材料、清洁剂、添加剂和辅料的生产组织等，该族标准是整个食品供应链中实施HACCP技术的一种工具。ISO 22000的关键原则为交互式沟通、体系管理、过程控制、HACCP原理和前提方案。ISO 22000的核心内容是危害分析，将危害分析所识别的食品安全危害，根据可能产生的后果进行分类，通过包含于HACCP计划和操作性前提方案中的控制措施组合来控制。

表3-4　ISO 22000族标准的组成

序号	标准编号	标准名称
1	ISO 22000：2018	食品安全管理体系 对整个食品供应链的要求
2	ISO/TS 22002-1：2009	食品安全的前提方案 第1部分 食品生产
3	ISO/TS 22002-3：2011	食品安全的前提方案 第3部分 耕作
4	ISO/TS 22003：2013	食品安全管理体系 食品安全管理体系认证与审核机构要求
5	ISO/TS 22004：2014	食品安全管理体系 ISO 22000应用指南
6	ISO 22005：2007	饲料与食品供应链中的可追溯性——系统设计和实施的一般原则与基本要求

ISO 22000的特点在于：（1）适用范围广；（2）统一和整合了国际上相关的自愿性标准；（3）继承了HACCP7项原则建立了食品安全管理体系，囊括了HACCP的所有要求；（4）提供了一个全球交流HACCP概念、传递食品安全信息的机制；（5）既是建立和实施食品安全管理体系要求的指导性标准，又是审核所依据的标准，可用于内审、第二方认证和第三方注册认证；（6）结构框架与ISO 9000和ISO14001保持一致；（7）基本思想、构建管理体系的方法与ISO 9000和ISO14001兼容；（8）贯穿食品链的交互式沟通。

2. ISO 22000的意义

（1）ISO 22000统一了冗杂的各国标准，便于国际贸易中各贸易伙伴之间进行有组织、有针对性的沟通，消除了技术性贸易壁垒，促进国际贸易的公平竞争。

（2）ISO 22000对食品供应链各个环节的良好操作规范提供了模板，加强了计划性，对必备方案进行系统化管理，减少过程后的检验，减少冗余的系统设计而节约资源，实现组织内部和食品链中资源利用最优化。

（3）与其他管理体系相融合，既可以单独使用ISO 22000，也可以同其他管理体系结合使用，提升了管理的质量，可以作为决策的有效依据。

（4）对所有控制措施都进行风险分析，有效和动态地控制食品安全风险，提供了简洁、完善的认证体系，确保了食品供应链的安全。

第三节　世界卫生组织（WHO）和联合国粮农组织（FAO）

一、世界卫生组织（WHO）

（一）WHO简介

世界卫生组织（WHO）是联合国下属的一个专门机构，只有主权国家才能参加，是国际上最大的政府间卫生组织，现有193个成员。1946年，国际卫生大会通过了《世界卫生组织组织法》，1948年4月7日，世界卫生组织（WHO）宣布成立。WHO的宗旨是使全世界人民获得高水平的健康。其主要职能包括：促进流行病和地方病的防治；提供和改进公共卫生、疾病医疗和有关事项的教学与训练；推动确定生物制品的国际标准。

（二）WHO的主要任务

世界卫生组织的任务主要包括：指导和协调国际卫生工作，主持国际性流行病学和卫生统计业务，改善营养、居住、计划生育和精神卫生，促进从事增进人民健康的科学和职业团体之间的合作，制定并发展食品卫生、生物制品、药品的国际标准，提出国际卫生公约、规划、协定，促进并指导生物医学研究工作，制定诊断方法的国际规范的标准，协助在各国人民中开展卫生宣传教育工作等项。

（三）WHO的组织结构

世界卫生组织的机构分别是世界卫生大会，执行委员会和秘书处。WHO的首长为总干事，由卫生大会根据执行委员会提名任命。

1.世界卫生大会

世界卫生大会是世界卫生组织的最高决策机构。大会每年举行常会。参会的每一成员代表不得超过3人。任务是审议总干事的工作报告、规划预算等。

2.执行委员会

执行委员会由32名技术专家组成，由世界卫生大会批准，任期3年，每年改选三分之一。联合国安理会5个常任理事国是必然的执委成员，但席位第3年后轮空一年。通常，执行委员会要准备世界卫生大会的会议议程，就卫生大会提交的问题及公约、协约、规章等方面向大会提供意见。执行委员会负责执行世界卫生大会的决议。

3.秘书处

秘书处由一名总干事和诸多行政人员组成。总干事由世界卫生大会根据执委会提名任命，任期为5年，只可连任一次。总干事代表世界卫生组织与各国有关卫生部门及机构建立联系，可以发起、规划和调整世界卫生组织的战略或行动。

（四）《WHO全球食品安全战略》

食源性疾病严重危害人类的健康，它可由微生物性、化学性、物理性危害引起，进食不安全食品导致了亿万人发病和死亡。2000年，第53届世界卫生大会上通过一项决议，请求WHO及其成员将食品安全作为一个重要的公共卫生问题予以足够的重视，决议还要去WHO制定旨在降低食源性疾病暴发的全球战略。对此，WHO于2001年2月20日组织了一个关于食品安全的战略计划会议，经与成员进一步磋商之后，WHO拟定了一项全球食品安全战略。2002年，《WHO全球食品安全战略》草案发布，其目标是减轻食源性疾病对健康和社会造成的负担。

《WHO全球食品安全战略》通过以下3项行动方针来实现其目标。

（1）对发展以风险为基础的、持续的综合食品安全系统给以宣传和支持；

（2）设计整个食品生产链以科学为依据的措施，这些措施将能预防对食品中不可接受的微生物和化学品的接触；

（3）与其他部门和伙伴合作，评估和管理食源性风险并交流信息。

除了上述3项方法之外，《WHO全球食品安全战略》还提出7项具体措施，包括：监测食源性疾病，改进风险评估，新技术的安全性，食品法典中的公共卫生，风险交流，国际合作和能力建设，其中食品安全风险评估的内容本书将在后面章节进行介绍。

二、联合国粮农组织（FAO）

（一）FAO简介

联合国粮食及农业组织（FAO）于1945年10月16日正式成立，是联合国的专门机构之一，是各成员间讨论粮食和农业问题的国际组织。FAO的宗旨是提高人民的营养水平和生活标准，提高所有粮农产品的生产和分配效率，改善农村人口的生活状况，促进农村经济发展，并最终消除饥饿和贫困。

2012年初，FAO启动了"战略思考进程"，进一步明确了FAO的基本定位与核心职能，并制定出了未来发展的5大战略目标。其中，FAO将"为消除饥饿、粮食不安全和营养不良创造条件"列为首要战略目标，并承诺将围绕3个领域开展工作：第一，鼓励并推动就消除饥饿、粮食不安全和营养不良做出明确政治承诺。第二，在全球、区域和国家层面建立有效治理机制。第三，提高问责与监督特别是跨领域政策、计划和投资的制定、实施和评价能力。其余4个战略目标分别为：以可持续方式提高农林和渔业的产量；减少农村贫困；在地方、国家和国际各级推动建立包容性更强和效率更高的农业和粮食系统；提高应对生计威胁和危机的能力。FAO的工作重点集中在以下3个领域：加强世界粮食安全、促进环境保护与可持续发展和推动农业技术合作。

（二）FAO的主要职能

FAO的主要职能是：搜集、整理、分析和传播世界粮农生产和贸易信息；向成员提供技术援助，动员国际社会进行投资，并执行国际开发和金融机构的农业发展项目；向成员提供粮农政策和计划的咨询服务；讨论国际粮农领域的重大问题，制定有关国际行为准则和法规，谈判制定粮农领域的国际标准和协议，加强成员之间的磋商和合作。可以说，粮农组织不仅是一个信息中心、开发机构和咨询机构，还是一个制定粮农国际标准的中心。

（三）FAO的组织结构

FAO现有194个成员国、1个成员组织（欧盟）和2个准成员。各成员通过大会和理事会行使其权利。

1.大会

两年一度的大会是成员行使决策权的最高权力机构，由全体成员参加，负责审议世界粮农状况，研究重大国际粮农问题，选举、任命总干事，选举理事会成员和理事会独立主席，批准接纳新成员，批准工作计划和预算，修改章程和规则等。

2.理事会

隶属于大会，在大会休会期间及其赋予的权利范围内，处理和决定有关问题；理事会由大会按地区分配原则选出的49个成员组成，任期3年，可连任，每年改选三分之一；在大会两届例会期间至少举行4次会议；理事会下设8个委员会，分别是计划委员会、财政委员会、章程及法律事务委员会、农业委员会、渔业委员会、林业委员会、商品问题委员会和世界粮食安全委员会。

3.秘书处

作为粮农组织的执行机构，负责执行大会和理事会有关决议，处理日常工作。负责人是总干事，由大会选出，任期4年，在大会和理事会的监督下领导秘书处工作。秘书处下设农业与消费者保护、经济和社会发展、林业渔业及水产养殖、综合服务、人力资源及财政、自然资源管理及环境、技术合作等8个部，在亚太、非洲、拉美及加勒比、近东、欧洲5个区域设有办事处，另设有11个次区域办事处、5个联络处和74个国家代表处，负责处理多国日常事务。

第四节　国际食品法典委员会（CAC）与食品法典标准

国际食品法典委员会（CAC）是由联合国粮农组织（FAO）和世界卫生组织（WHO）于1963年共同建立的政府间组织，CAC以保障消费者的健康和确保食品贸易公平为宗旨，负责制定国际食品标准和协调政府间食品标准。

一、国际食品法典委员会（CAC）

（一）CAC简介

自1961年第11届粮农组织大会和1963年第16届世界卫生大会分别通过了创建CAC的决议以来，CAC已有180个成员国和1个成员组织（欧盟），覆盖全球99%的人口。CAC受FAO和WHO领导，其章程和程序规则的制定、修订均须经过FAO和WHO批准。

CAC一贯致力于在全球范围内推广食品安全的观念和知识，关注并促进消费者保护。CAC的战略目标是达到对消费者最高水平的保护，包括食品安全和质量。具体目标为：建立良好的法规框架，促进科学原则与风险分析获得最广泛一致的应用，促进食品法典和多边法规基本原则及公约的衔接，促进CAC标准在国家和国际都能获得最广泛的应用。

质量控制是CAC所有工作的核心内容，CAC标准对发展中国家和发达国家的食品生产商和加工商的利益是同等对待的。制定CAC标准、准则或规范的关键因素是采用风险分析的方法，这包括风险评估、风险管理和风险信息。CAC要求所有的分委会介绍他们使用的风险分析方法，这些资料是所有未来标准的基础。质量保证体系已成为CAC工作的重点，CAC已经通过了应用危害分析与关键控制点（HACCP）体系的指南，把HACCP看作是评估危害和建立预防措施的管理体系的一种工具，而非依赖于最终产品的检测，CAC非常强调和推荐HACCP与良好操作规范（GMP）的联合使用。

（二）CAC的主要职能

CAC的主要职能包括：保护消费者健康和确保公正的食品贸易；促进国际组织、政府和非政府机构在制定食品标准方面的协调一致；通过或与适宜的组织一起决定、发起和指导食品标准的制定工作；将那些由其他组织制定的国际标准纳入CAC标准体系；修订已出版的标准。

（三）CAC的组织结构

国际食品法典委员会的常设机构是秘书处，并下设执行委员会、专业分委员会、区域协调委员会及特设工作组。

1.国际食品法典委员会大会

国际食品法典委员会每年召开一次大会，在FAO总部意大利罗马和WHO总部瑞士日内瓦轮流召开。国际食品法典委员会大会负责审议法典标准制定程序第5步及第8步的拟定标准草案和标准草案，负责跟踪工作规划的进展或制定新的规划，通报财务和预算事项，通报各科学咨询机构的情况，探讨法典委员会与其他国际组织的关系等一些重点议题。此外，国际食品法典委员会大会，也为各个国际组织、各个委员会、各个国家提供了一个良好的信息交流平台。

2.国际食品法典执行委员会

国际食品法典执行委员会是国际食品法典委员会大会休会期间的执行机构，国际食品法典执行委员会由1名主席、3名副主席、6名区域协调员和7名委员组成。这7名委员由CAC在例会上从CAC成员中选举产生，在下列地理区域各产生1名：非洲、亚洲、欧洲、拉丁美洲和加勒比地区、近东、北美洲、西南太平洋地区。任何国家的代表担任执行委员会委员者不得超过1名。CAC休会期间，作为代表CAC的执行机构，执行委员会根据任务每年于意大利罗马和瑞士日内瓦召开一次或两次会议，主要就总体方向、战略规划和工作计划向法典委员会提出建议，通过研究特殊问题，审议标准制定进展等来协助管理CAC的标准制定计划。执行委员会应审议FAO和WHO两总干事提出的特别事项，以及CAC拟议工作计划的支出预算。

3.国际食品法典专业分委员会

CAC下设22个专业分委员会，包括10个一般主题法典委员会和12个商品法典委员会。每个专业法典委员会均具有明确的职责范围，在规定的职责范围内开展工作。

一般主题法典委员会又称为横向委员会，负责制定各类通用法典标准和推荐值，影响较大。包括食品添加剂、污染物、农药残留、兽药残留、食品卫生、一般原则、食品标签、食品进出口检验与认证体系、营养与特殊膳食以及分析和采样方法等10个分委员会，各分委会按照确定的委员会职责范围开展工作。

商品法典委员会又称垂直委员会，负责制定各类产品标准。它的工作形式为垂直管理各种商品，目前在活动的有谷物和豆类、新鲜水果和蔬菜、加工水果和蔬菜、油脂、糖类以及香辛料和烹调用芳香植物等6个专业委员会。另外，可可制品和巧克力、天然矿泉水、鱼和鱼制品、植物蛋白、肉类卫生、乳和乳制品等6个专业委员会处在休会期。

4.国际食品法典区域协调委员会

区域协调委员会负责协调CAC在各个具体地区或各个国家中的工作，对于确保CAC的工作符合区域利益和发展中国家的关系发挥着重要作用，通常每两年召开一次会议。CAC共有6个区域协调委员会，包括亚洲、非洲、欧洲、拉丁美洲和加勒比海地区、近东及北美洲和西南太平洋地区。6名区域协调员按要求协助执行委员会和食品法典委员会，反映其所在地区的国家、区域性政府间组织和非政府组织对正在讨论或关注问题的观点。

5.国际食品法典特设工作组

为了在有限时间内赋予一定的职责范围，解决当前出现的问题，制定相应的法典标准、准则或规范，1999年食品法典委员会决定设立食品法典委员会特设工作组，一旦完成任务，即可解散。目前处在活动中的是耐药特设法典政府间工作组，已解散的包括动物饲料、生物技术食品、果蔬汁、速冻食品加工等4个政府间特设工作组，FAO/WHO乳和乳制品相关原则规范政府专家联合委员会更名并重新建立的组织。

6.国际食品法典委员会秘书处

CAC的秘书处设在罗马FAO食品政策与营养部食品质量标准处。WHO的联络点设在日内瓦WHO健康促进部食品安全处。国际食品法典委员会秘书处是CAC的核心机构，是保障CAC正常运转的重要支撑，负责大会和执行委员会会议的管理及服务，以及协调专业分委员会活动、督促并指导分委员会工作。秘书处的官员均非常熟悉法典的程序规则，且具有一定的专业语言能力，能够在会议过程中辅助主席工作，以遵守法典程序，引导会议正常进展，保障各项标准制（修）订工作顺利进行。

7.国际食品法典委员会的专家机构

CAC确定了针对食品法典框架内应用风险分析的工作原则。因此，法典标准的基础是充分的科学依据，法典标准从一开始就一直是一项基于科学的活动。众多学科的专家为法典标准的各个方面的内容做出了贡献，确保其标准能够经受得住最严格的科学审查。FAO/ WHO食品添加剂联合专家委员会（JECFA）、FAO/ WHO微生物风险评估专家联席会议（JEMRA）、FAO/ WHO农药残留联席会议（JMPR）以及FAO/ WHO营养问题联合专家会议（JEMNU）等4个专家机构为CAC的技术支撑机构，能够为制定食品法典标准提供科学建议，其中JECFA和JMPR两个长期专家组织多年来提供了国际权威数据，被世界各地的政府、有关行业和研究中心广泛采用。他们根据现有的最佳科学信息开展安全评估和评价，汇编来自很多权威来源的意见，并编写出版物，这些出版物被视为国际参考文书。

（四）CAC与WHO、FAO的关系

WHO与FAO在食品安全问题的解决方面，紧密配合完成了许多工作。FAO/WHO作为政府间组织的联合国系统专门机构，在食品安全保障体系中发挥着不可替代的重要作用。由WHO和FAO成立的CAC是二者在食品安全保障体系中的重要载体。

WHO、FAO、CAC的区别在于，三者具有独立的国际法人格，并拥有各自的章程和组织结构；其各自的职能覆盖面和工作侧重点存在差异：WHO的职能范围包括了与全球公共健康保障和促进有关的任何活动，FAO的工作中心集中在粮食安全问题上，食品安全的监管保护仅是其衍生的职能，而CAC的职能相对专一，集中在国际食品标准的制定和协调以及食品安全突发事件处理等。

WHO、FAO、CAC的联系在于，CAC来源于WHO和FAO，并在二者的基础上发展和提升；由WHO和FAO联合成立的专家委员会和磋商委员会，如FAO/WHO食品添加剂联合专家委员会（JECFA）和FAO/WHO农药残留联席会议（JMPR）等，可以为CAC制定法典标准时提供科学建议，但CAC并不参与WHO和FAO的专家会议。

二、国际食品法典标准

（一）国际食品法典标准的作用及性质

1.国际食品法典标准的作用

法典标准、准则和操作规范有助于提高国际食品贸易的安全性、质量和公正性。法典标准的作用主要体现在3个方面：一是保护消费者健康。国际食品法典委员会通过法典标准的制定，将公众关切的食品安全问题置于全球辩论的核心，兽药、农药、食品添加剂和污染物都是食典工作会议讨论的部分议题。二是消除贸易壁垒。WTO在其两个重要协定《实施卫生与植物卫生措施协定》（SPS协定）和《技术性贸易壁垒协定》（TBT协定）中明确，"国际标准、指导方针和建议，包括法典标准，是促进国际贸易和在国际法中解决贸易争端的参考依据"。另外，SPS协定中对于法典标准的提及还表明，想采取比法典标准更严格的食品安全措施的世贸组织成员可能需要用科学证据来证明这些措施是合理的。因此，法典标准是WTO在食品安全领域唯一认可的标准。三是有助于发展中国家，特别是没有能力制定本国食品安全标准体系的极不发达国家逐步完善本国的食品安全管理。

2002年，FAO/WHO组织对法典标准进行了一次正式评价。评价结果显示，各成员对法典标准给予了高度重视，普遍认为法典标准是促进旨在保护消费者健康的食品管理系统的关键组成部分，在WTO各成员的国际贸易以及WTO在其SPS协定和TBT协定相关问题的磋商中起着关键的作用。

2.国际食品法典标准的性质

法典标准可供各成员在制定国家标准时参考或采纳使用，也是在发生食品国际贸易纠纷时供相关国家和国际组织进行协商和仲裁的国际标准。未经过成员立法程序的认可或采纳，法典标准不会作为成员强制性执行的技术性法规，也就不可能直接作为成员政府进行食品安全管理的依据。虽然法典标准属于供成员自愿采用的建议性质，但由于法典标准本身已成为WHO的法律框架内对各国食品标准和规章进行评价的参考尺度，因而受到各国政府的广泛关注，在很多情况下被引为各国立法的依据。

（二）国际食品法典标准体系

法典标准包括所有面向消费者提供食品的标准，无论是加工、半加工还是未加工食品，还是供进一步加工成食品的原料，都包括在内。目前，国际食品法典委员会共制定了342项标准、准则和操作规范，旨在为人们确保安全、良好的食物。按照法典标准涵盖的具体内容，法典标准体系包括通用标准、产品标准、规范和其他四大类。截止到2018年，CAC通用标准共76项，包括污染物、添加剂、微生物、标签、采样和分析方法、农药、兽药、营养与特殊膳食、进出口检验与认证、转基因食品和饲料；产品标准共203项，包括乳和乳制品、肉和肉制品、鱼和鱼制品、谷物和谷类、加工水果蔬菜、新鲜水果蔬菜、特殊膳食、油脂、巧克力糖果等；规范类共58项，包括各类产品标准规范、控制食品中污染因素的规范以及一般性的通用规范；此外，还涉及一些政府应用的风险分析原则、各区域和国家法典委员会准则等其他文件5项。

（三）国际食品法典标准的制（修）订

1.法典标准的制定程序

法典标准的制（修）订程序较为严谨且高度透明，强调与成员或国际组织的交流，确保标准的科学性和公正性。一般每一项法典标准的制定过程均须经专业分委员会审核两次，向各国政府及相关组织征求意见两次，由执委会及食品法典委员会大会审议3次方可批准,同时秘书处还应将会议的讨论细节在网上公布,具体步骤如下。

(1)制定标准计划。执委会审查项目文件,食品法典委员会根据执委会的审查结论,决定应制定哪个标准以及由哪一个专业分委员会或其他机构承担这项工作。专业分委员会也可以做出制定标准的决定,随后尽早提交食品法典委员会大会批准。

项目文件中应体现的内容涉及项目是否符合法典战略规划中确定的重点、制定标准的必要性以及在合理的时间内完成工作的前景。为体现标准立项的必要性,对于产品标准还需要特别阐明该类产品的贸易情况、市场潜力、实施标准的可行性等因素。

(2)起草"拟议标准草案"。由秘书处安排起草拟议标准草案,标准草案应包括考虑拟议标准草案可能对经济利益的影响。

(3)征求意见。将拟议标准草案送交各成员和相关国际组织征求意见。

(4)分委员会审议拟议标准草案。有关专业分委员会根据收到的评议意见审议拟议标准草案,并反馈意见。

(5)委员会会议审议。拟议标准草案通过秘书处转交执行委员会严格审查并提交食品法典委员会审议通过,成为一项"标准草案"。

(6)再次征求意见。如果食品法典委员会大会通过了该"标准草案",则再送交各成员或有关国际组织进一步征求意见。

(7)分委会再次审议。专业分委员会根据评议意见对标准草案进行复审,并提交食品法典委员会大会审议。

(8)标准的审议、批准、公布。食品法典委员会大会对该草案进行再次审议,并将其采纳为"法典标准"。对于某些紧急的特殊标准,CAC可以采取加速程序,省略步骤(6)和(7)。

2.法典标准的修订或撤销

如某项标准或相关文本需要修订或撤销,应遵循《法典标准及相关文本的制定程序》。食品法典委员会的每个成员都有责任明确有助于修订现行法典标准或相关文本的新的科学性及其他相关信息,将其提供给相关委员会。

(四)中国参与国际食品法典标准的制定工作

1984年,中国正式成为CAC成员,由卫生部和农业部组成中国食品法典协调小组,秘书处设在卫生部,中国正式开始参与国际食品法典标准工作。近年来,中国在做好食品安全国家标准制定工作的同时,积极参与国际食品法典标准的制定工作。2007年起中国开始担任国际食品添加剂(Codex Committee on Food Additives,CCFA)和农药残留法典委员会(Codex Committee on Pesticide Residues,CCPR)主持国,并于2010年当选CAC亚洲区域执行委员。通过主持CCFA和CCPR,借鉴国际食品标准制定和管理的经验,逐步引领管理国际标准的进展。

三、我国标准与国际标准的对比

国家食品安全风险评估中心组织专家对国际食品法典标准、美国、欧盟、澳大利亚、新西兰、日本和我国香港地区的标准管理制度、标准制定依据、标准体系框架、标准数量指标等内容进行了系统的比较分析。

（一）标准管理制度

自《食品安全法》实施后，我国食品标准即分为了强制性的食品安全标准和非强制性的食品质量标准，在食品安全标准中仅包括安全指标及与安全相关的质量指标。CAC食品法典标准为推荐性标准，其标准指标既包含食品安全指标也包括了质量指标。大多数发达国家的食品安全标准和食品质量标准也并未作明显区分。另外，很多国家的食品标准以"食品法典"或"食品法规"的形式出现。欧盟制定的各项食品安全标准均以欧盟法规的形式出现，如欧盟委员会（EC）1881/2006指令，规定了食品中特定污染物（含真菌毒素）限量。美国的食品标准均纳入联邦法规中，加拿大的食品标准也是以《食品药品法规》的形式出现，还有澳大利亚和新西兰的"食品标准法典"，韩国的《食品法典》等。

（二）标准制定原则和依据

保障公众身体健康，确保食品安全是我国与CAC及主要发达国家制定食品安全标准的基本原则。CAC标准除保障公众身体健康以外，还要以协调国际食品贸易为重要目的。我国与CAC及主要发达国家制定食品安全标准均要求以科学性为基础，以食品安全风险评估结果为依据。FAO和WHO成立了专家委员会和磋商委员会，对食品添加剂、污染物、农药、兽药、微生物等物质进行风险评估，并将评估结果提交CAC做参考。例如：FAO / WHO食品添加剂联席专家委员会（JECFA），其任务是评价食品中添加剂、污染物及兽药残留的化学、毒理学及其他方面的性质。FAO / WHO农药残留联席会议（JMPR）负责对农药进行评估。FAO / WHO微生物风险评估联席专家会议（JEMRA）主要就食品安全的微生物方面提出建议，对风险评估相关领域提出指导意见。近年来，我国的国家食品安全风险评估专家委员会及国家食品安全风险评估中心开展了大量的制定食品安全标准相关的风险评估工作，已经取得了非常大的进展。

（三）标准体系

我国食品安全标准体系框架与国际食品法典委员会基本一致。CAC标准包括通用标准、产品标准及规范类标准。我国的食品安全标准体系除通用标准、产品标准及规范类标准外，食品检验方法与过程也是我国食品安全标准的组成部分，但国际食品法典委员会不制定食品具体检验方法标准，仅制定通用标准，具体检验方法参考ISO制定的食品检验方法标准。

在通用标准部分，CAC将进出口检验与认证、转基因食品及饲料纳入通用标准，上述内容在我国不属于食品安全标准范畴。我国通用标准体系制定了食品中致病菌限量标准，但CAC标准并无该项标准。在产品标准部分，CAC标准仅为食品产品标准，我国则包括食品产品标准、食品添加剂规格标准、食品相关产品标准。

从标准本身水平讲，我国食品污染物、食品添加剂、食品接触材料、营养与特殊膳食食品等标准与国际水平基本相当，有些内容引领了国际食品标准的发展。但我国也有部分标准内容与CAC标准及发达国家相比还存在一些不足的地方，例如：食品生产、加工、经营过程中污染物和微生物的控制对于食品安全的保障至关重要，通过制定控制指南或者在卫生规范中控制这些主要污染是解决问题的关键，国际食品法典委员会及发达国家均将控制指南作为食品安全标准体系中的重要组成部分，强调根据污染物和微生物类别或污染途径来制定控制指南，法典标准中有16项是关于污染控制指南的。我国长期以来的食品安全监管工作过分依赖于最终的产品检验，作为强制标准的食品中污染物和微生物的控制指南的制定才刚起步，数量也较少，这也是我国今后食品安全标准工作需要加强的地方。另外，我国的风险评估工作也处于起步阶段，距发达国家的科学基础还有一定的差距。制定标准所需的风险监测数据和风险评估技术积累不足，部分标准指标的设置上还缺少本国自主的科学数据，只能简单引用国际或发达国家标准。

（四）对国际食品法典标准先进性的理解

CAC标准是国际公认的、统一的国际食品标准。由于CAC标准具有保护消费者健康和食品公平贸易两大宗旨，因此，除保障公众身体健康以外，还要以协调国际食品贸易为重要目的，从这个角度说，CAC标准实际上代表的是一个能够保护消费者健康的、各国协调一致的基本水平，并非代表了最先进的标准水平。另外，CAC标准的作用之一是有助于发展中国家，特别是没有能力制定本国食品安全标准体系的极不发达国家逐步完善本国的食品安全管理。据2006年国际食品法典委员会成立40周年的评估报告显示，包括欧盟、日本、美国在内的许多发达国家和地区，在制定本国标准时采纳法典标准的比例（20%~30%）远低于发展中国家和地区（50%左右）。尽管如此，国际食品法典委员会倡导的食品风险分析的原则，仍然是各国公认的食品安全标准制定原则，广泛应用于各国食品法规标准的制定。

（五）对不同国家的食品安全标准差异的理解

CAC及各国在标准的具体内容、指标数量及限量水平等方面存在一定的差异。对于标准的内容，由于各国的食品安全监管体制、监管理念和食品行业发展水平不同，标准内容存在一定的差异。由于膳食结构和食品污染情况不同，部分指标在各国间存在较大的差异。我国许多食品原料因生态环境或加工工艺而具有的污染特点以及我国居民膳食结构的特殊性造成的高暴露等原因，在标准的制定中还制定了一些国际标准所未包括或严于CAC标准的内容，如亚硝酸盐、苯并[a]芘、亚硝胺、粮食中镉的限量等。对于标准的数量，由于各国法规标准的体现形式不同，对限量物质的分类方式也不相同，如国际上通常将常见的食品污染物在各种食品中的限量要求，统一制定公布为食品污染物限量通用标准，国际食品法典委员会制定公布的CODEX STAN 193-1995《食品和饲料中污染物和毒素通用标准》，涉及食品污染物、毒素和放射性核素限量规定。另外，食品分类方式及食品添加剂涵盖的范围也存在不同，如我国的食品添加剂包括了食品加工助剂、食品用香料、胶基物质，CAC、欧盟食品添加剂不包括上述物质，美国不包括食品用香料、胶基物质。因此，通过数量的多少和指标数的高低来评判标准水平的高低是片面的，适合本国食物消费及健康保护水平的标准才是好标准。

思考题

1. ISO 9000 的基本要求有哪些？
2. 请简述建立质量保证体系的3个阶段。
3. 请简述 ISO 14000 与 ISO 9000 的联系和区别。
4. 请简述 ISO 22000 的特点以及 HACCP 的7项原则。
5. 请简述 WHO、FAO 与 CAC 的关系。
6. 请简述采纳法典标准的3种方式。

本章参考文献

艾志录.食品标准与法规[M].北京：科学出版社，2017.

马丽卿，王云善，付丽.食品安全法规与标准[M].北京：化学工业出版社，2017.

黄琳熹.世界卫生组织运行机制[N].人民法院报，2020-03-13(8).

钱和，庞月红，于瑞莲.食品安全法律法规与标准[M].2版.北京：化学工业出版社，2019.

潘红，孙亮.食品安全标准应用手册[M].杭州：浙江工商大学出版社，2018.

夏敬源，聂闯.联合国粮农组织的5大战略目标[J].世界农业，2013(4)：2,1,158.

杨玉红，魏晓华.食品标准与法规[M].2版.北京：中国轻工业出版社，2018.

第四章　国外食品标准

　　在发达国家/地区的食品安全监管中，法律、标准、科学和食品安全密不可分，其食品管理体系的建设经验可以为我国借鉴，启发我们如何系统性地保障食品安全底线和推动质量竞争，进而促进食品行业发展。通过本章的学习，能够了解欧盟、美国和日本的食品安全管理体系框架，熟悉不同的食品安全法律法规体系、标准体系和监管机构职能，掌握风险评估、全程追溯体系、预防方法对食品安全管理体系建设的重要作用。

◆◆◆ **学习目标**

　　1. 了解食品进出口贸易中技术性贸易壁垒的基本构成。

　　2. 掌握欧盟协调食品法规与标准的两种重要方式；了解针对食品及其成分的4种立法方法。

　　3. 掌握欧、美、日3类食品安全管理体系的特点。

　　4. 了解欧、美、日各自食品法律法规体系及标准体系的基本内容；掌握美国食品技术法规与标准之间的关系。

第一节　欧盟食品安全法律法规与标准

一、欧盟食品法规与标准的协调

　　欧盟的技术法规和标准，随着欧洲经济一体化进程，逐渐由分散走向统一，欧盟技术法规和标准的协调和统一也被称为欧洲技术标准化。技术法规与标准的协调和统一，不仅有利于产品、服务在欧盟内部市场自由流通，也有利于以统一的技术标准来协调成员国之间的生产合作，进而提高各成员国的生产效率和竞争力。作为比区域性国际组织层次更高的区域一体化组织，欧盟的经济一体化必须建立在法律一体化的基础上，正是欧盟独特的法律制度模式才既能有效维系各成员国之间的合作关系，又能为欧盟各机构的活动提供可靠的机制保障。

欧洲技术标准化既是欧洲经济一体化的产物，又推动了欧洲经济一体化的发展，其活动范围有两个层次，一是欧盟层次上对各成员国间不同的技术标准、法规和合格评定程序等方面进行协调；二是欧盟层面上本身的技术标准化活动，例如，欧盟食品安全法规和食品安全标准的制定和发展。

（一）"技术立法"模式协调欧盟食品法规和标准

1985年之前，欧洲技术标准化活动滞后于欧洲经济一体化进程，对此，1969年欧共体确立了分阶段消除技术性贸易壁垒的总行动纲领，旨在消除各成员国间由不同技术标准、技术法规等导致的技术性贸易壁垒。协调方式是以指令的方式，协调各成员国直接影响共同市场形成或运作的法律、法规和行政行为。协调机制是将各成员国不同的立法统一于欧共体的协调指令中。协调成果是到1985年通过了与工业品和食品有关的大量指令，实现了这些领域的产品在共同市场上的自由流通。1985年，欧共体通过立法程序，决定对涉及安全、健康、环境保护和消费者保护的产品，统一实施单一的CE（欧洲共同体市场）安全合格认证标志制度，以证明粘贴CE标志的产品符合指令中有关健康安全保护等基本要求。

1993年一个没有内部边境的欧洲统一大市场——欧盟建成。在欧盟建成前，欧共体理事会以及1994年欧盟理事会与欧洲议会陆续通过了17个实施CE标志的产品的技术协调指令。这些指令具体规定了适用范围、投放市场和自由流通、基本安全要求、标志的采用及处理、合格评定程序、合格声明与技术文件档案、CE标志、安全保护条款以及各成员国将指令转换为本国法律的转换期限、实施日期与开始实施后给予宽限的过渡期限等，这些是使用CE标志必须直接面对和认真执行的规定和技术要求。

这一阶段，欧盟立法直接制定标准，将有关产品的详细技术标准直接写入法律中，从而协调各成员国的食品安全法规和标准。例如，《关于用于食品生产和食物成分提取溶剂的第2009/32/EC号指令》第3条规定："成员国应采取一切必要措施，确保附件I中作为提取溶剂列出的物质和材料符合以下一般和具体的纯度标准：不得含有超过1 mg/kg的砷或超过1 mg/kg的铅"。该指令直接写入作为提取溶剂的物质和材料的纯度标准，包括具体成分及其含量。因而，在"技术立法"协调模式下，标准的实施均为强制性，这样可以有效协调各成员国的食品法规和标准。

（二）"新方法"模式协调欧盟食品法规和标准

1985年，基于重启欧洲经济一体化和建立欧洲内部市场的需要，欧共体出台了《技术协调与标准的新方法决议》（以下简称《新方法》），加快了欧共体层面的标准化协调和建设工作，并逐渐形成"双层"结构的欧盟食品安全体系：上层由欧共体指令（食品安全法规）强制协调各成员国食品安全法律法规，下层由协调标准（食品安全标准）供厂商自愿选择符合欧共体指令的途径，具体而言：（1）欧共体指令规定关于产品安全、工作安全、人体健康、消费者权益保护等公共利益方面的基本要求，在欧洲市场上销售的产品应满足这些要求；（2）欧共体委员会向欧洲标准化组织提出标准化请求，由标准化组织负责制定有助于遵守上述指令要求的协调标准；（3）公共部门必须承认按照协调标准生产和提供的所有产品都符合欧盟相关指令规定的基本要求；（4）对协调标准的使用是自愿的，没有法律义务遵循它们，但任何选择不遵守协调标准的生产者有义务证明其产品符合指令基本要求。

欧共体"新方法"模式所建立的"双层"结构的食品安全体系，即指令和协调标准体系，有效地消除了欧共体内部市场的技术性贸易壁垒。《83/189/EC 号指令》正式认可了制定欧洲标准（协调标准）的 3 个标准化组织，分别是欧洲标准化委员会（CEN）、欧洲电工标准化委员会（CENELEC）和欧洲电信标准协会（ETSI）。作为欧洲标准的一种类型，CEN、CENELEC 和 ETSI 也是协调标准的制定组织。尽管协调标准属于自愿性欧洲标准，即在"新方法"下适用协调标准和依据协调标准实施的认证活动均具有"自愿性"，但是，采取其他替代性手段证明产品与指令要求相符是个复杂又昂贵的过程，而实践中欧洲消费者只购买带有 CE 标志的产品，这些均表明协调标准具有"事实上的强制性"。

二、欧盟技术性贸易壁垒体系

欧盟的技术性贸易壁垒体系包括以下几个方面。

（一）欧盟法律法规

欧盟层面主要有条例（regulation）、指令（directive）和决定（decision）这 3 种法律形式。因而，欧盟食品安全领域的法律文件也一样，其有关食品安全的法律要求大多以条例和指令的形式出现。根据《欧盟运行条约》第 288 条的规定，条例具有普遍适用性，它在整体上具有约束力，应直接适用于所有成员国；就其旨在实现的结果而言，指令对于其所针对的每个成员国均具有约束力，但应由成员国当局选择实施指令的形式和方法。

食品安全领域的欧盟条例主要表现为"技术立法"模式，以便"完全"协调各成员国的技术法规和标准。欧盟指令在《新方法》之前，同样采用"技术立法"模式，由指令直接制定具体标准。直到 1985 年《新方法》出台后，欧盟采用新方法指令[①]和协调标准的"双层"协调模式，即新方法指令仅规定涉及产品安全、人体健康和消费者权益保护

---

① "新方法指令"是指根据《新方法》要求制定的欧盟指令。

等"基本安全要求"来规范投放欧洲市场的食品，具体指标和要求则由协调标准规定，只要是符合协调标准的食品就可以"推定"其符合新方法指令的基本要求进而投入欧洲市场。

欧盟运用新方法指令和协调标准来"双层"协调食品安全法规和标准的特点在于，新方法指令的"基本安全要求"通过指令的强制力，能够保障欧洲市场中食品的整体安全水平和平衡成员国之间的技术差异，这种宏观高效的协调性使得欧洲市场的消费者放心购买食品，也逆向地保障了生产经营者的利益，为生产经营者提升品牌效应和企业竞争力提供了质量保障，进而促进欧洲市场贸易和经济的高速发展。虽然，这种技术协调体系有效地消除了欧盟内部的技术性贸易壁垒，但其对于欧盟以外的国家造成了贸易障碍：其一，需要熟知欧盟新方法指令与协调标准之间的"符合性推定"关系及其"双层"协调结构；其二，欧盟新方法指令与协调标准的要求很高。这些技术性贸易壁垒阻碍了外国食品进入欧洲市场，即便是美国的一些产品也难以达到要求。

（二）协调标准

为加快欧洲经济一体化进程，协调各成员国的技术标准，欧盟曾力图统一各国的技术标准，这一时期主要采用"技术立法"模式，借助标准成为法律的一部分所具有的强制性，来实现对各国技术标准的统一。但由于技术的复杂性、产品种类多样、技术更新速度不一等因素，再加上各成员国自然环境与文化的差异，这种标准统一进程缓慢，效果并不理想。

《新方法》出台后，协调标准不再被立法机构纳入法律规定，而是由欧洲标准化组织制定，因此保留了标准的自愿性。协调标准的协调作用在于，通过其详细的技术规范，为满足新方法指令的基本要求、实施新方法指令提供了一致又便捷的技术路径。然而，正是由于协调标准对新方法指令的实施提供了难以替代的技术支持，同时，欧洲标准化组织制定协调标准的起点源自欧盟立法机构（欧盟委员会）提出的"标准化请求"（较为详细的"委托书"），因而，欧洲法院据此得出协调标准已成为欧盟法律的一部分，具有"事实上的强制性"的结论。具有"事实上强制性"的协调标准对于欧盟外的食品进入内部市场同样构成了技术性贸易壁垒。

（三）合格评定程序和"CE"标志

TBT协定定义了"合格评定程序"，指任何直接或间接用以确定是否满足技术法规或标准中的相关要求的程序，特别包括：抽样、检验和检查；评估、验证和合格保证注册、认可和批准以及各项的组合。作为投放欧盟市场的必要条件之一，合格评定程序是确保产品符合协调标准进而符合新方法指令基本要求的现实保障。在欧盟市场上，"CE"标志是强制认证标志，无论是欧盟内部企业还是其他国家生产的产品，要想在欧盟市场上自由流通，就必须加贴"CE"标志，以证明产品符合新方法指令的基本要求。对不具风险性的产品，生产经营者只需在产品上加贴"CE"标志即可投入市场而不需在这之前由第三方对产品实施相应认证；对于高风险类别的产品，生产经营者则不能独自加贴"CE"标志，而须由认证机构对产品实施合格评定程序来验证其是否符合协调标准，评估合格后方可加贴"CE"标志。

对于生产经营者而言，选择适用协调标准是其满足新方法指令要求最便捷和主要的方式。通过适用合格评定程序和加贴"CE"标志，有助于确保协调标准的具体规范和新方法指令的基本要求得到落实，促进欧盟内部市场的自由流通和保障公众利益。欧盟较完善的法律法规和标准体系、认证及监管体系使欧盟食品安全管理取得了良好的效果。

三、欧盟食品安全法律法规简介

（一）欧盟食品法的历史发展

欧盟食品法的发展可以分为两个主要阶段。第一个阶段，从欧盟最早成立的1958年起至20世纪90年代中期的疯牛病危机爆发，欧盟食品法的发展主要是为了在欧盟内部构建便于食品产品流通的内部市场。欧盟成立之初，构建的便是一个以经济发展为特点的共同体，为了共同市场的创立和发展，欧盟采取了针对欧洲市场内部4项自由的核心措施，即劳动力、资本、服务和产品的自由流通。

第二个阶段始于20世纪90年代，欧盟的食品和农业领域内出现了诸多食品危机，严重损害了消费者利益，尤其是欧盟疯牛病危机以及随后出现的其他食品问题，表明了欧盟食品法体系内存在一些严重缺陷。2000年1月，欧盟《食品安全白皮书》的出台，标志着欧盟食品法体系发生了根本性变革，欧盟食品立法从内部市场的发展转向保障食品安全的高水平。自此，许多保障食品安全的重要法律陆续出台。

欧盟委员会对欧盟食品法的组织架构和政策都进行了整改，成立了科学指导委员会，由其整合科学经验和有关消费者健康问题的观点。1997年5月，欧盟委员会发布了针对欧盟食品法基本原则的绿皮书，其中提出了可以充分理解食品生产的法律体系架构，将消费者保护视为首要目标。1997年，欧盟委员会还成立了食品和兽医办公室，承担欧盟委员会针对食品安全的控制职能，包括监测动物健康和福利。

（二）《食品安全白皮书》

2000年1月，欧盟委员会在《食品安全白皮书》中提出了欧盟食品法的发展愿景，将重塑和保持消费者的信心列为目标，焦点在于评估既有的食品立法，进而建立健全一个更为一致且全面的、与时俱进的食品法律体系，并强化这一法律的执行，实现较高的消费者健康保护水平。《食品安全白皮书》的基本内容包括以下方面。

1.建立欧洲食品安全局

构建一个独立的欧洲食品安全局，有利于保障食品安全的高水平。该机构所负责的工作包括：所有涉及食品安全和快速预警系统运作的科学咨询，与消费者就食品和健康问题进行交流对话，与国家机构和科学机构构建工作网络，并向欧盟委员会提供必要的针对产品或技术的风险评估服务。

2.构建覆盖食品供应链全程的新法律框架

白皮书要求食品法以控制"从农田到餐桌"全过程为基础，并提出了一个可以覆盖食品供应链全程的新的法律框架，内容包括动物饲料的生产，确立高水平的消费者健康保护，明确企业、生产商和供应商承担食品安全保障的首要责任，在国家和欧盟层面开展适宜的官方控制，并重视食品全程追溯的重要性。

3.改进食品安全控制

白皮书提议针对国家控制体系的发展和执行，在与成员国合作的前提下制定一个欧盟的框架，同时考虑既有的最佳操作实践以及食品和兽医办公室的经验，具体包括3个核心要素：一是欧盟层面制定执行标准，规范成员国主管部门工作的一致性和全面性；二是制定欧盟控制指南，确保国家战略的一致性；三是促进控制体系制定和执行中的行政合作。

4.改善消费者信息

白皮书提出改善消费者信息的3种方式：一是促进欧盟委员会、欧洲食品安全局与消费者之间的沟通对话，进而鼓励消费者更好地参与新食品安全政策的制定；二是使消费者了解其消费某类特殊食品可能遇到的风险；三是使消费者获取有关食品质量和成分的信息。

(三)《通用食品法》

就白皮书规划的食品法改革而言，实现这一任务的第一步便是于2002年通过了《关于食品法基本原则和规定、建立欧洲食品安全局以及与食品安全事务相关程序的第178/2002/EC号条例》(简称《178/2002/EC号条例》或《通用食品法》)。《通用食品法》并非汇编了所有食品立法的法典，它只是食品法的一个构成部分，就其目的和适用范围来看，《通用食品法》的作用相当于食品法法律位阶中的宪法角色，其目标在于以下3个方面。

(1) 制定欧盟和成员国的现代食品立法应当遵循的原则要求；

(2) 建立欧洲食品安全局；

(3) 设立针对食品安全危机的程序，包括快速预警系统。

《通用食品法》明确了其目标和范围在于：为实现高水平的公众健康保护和消费者食品相关利益保障提供法律基础，同时考虑包括传统食品在内的食品供应多样性和内部市场的有效运行。该法确立共同原则和责任、明确提供可靠科学基础的方式、设置高效的组织机构和便于食品和饲料安全事务决策的程序。此外，《通用食品法》界定了食品、食品法、食品企业、入市销售、主管部门和食品安全等概念，规定了针对食品法和透明度的6项原则等内容。

（四）食品改良剂一揽子规定

荷兰范德穆伦（Bernd van der Meulen）教授采取了4种针对食品及其成分的立法方法，据此，配料、微生物或其他材料的使用或者存在分为不受规制的、有条件的、受限制的或禁止的4种，见表4-1。其中一些食品添加剂或转基因食品，需要在其安全性得到认可后才能进入欧洲市场。

表4-1　食品立法方法[①]

立法方法	举例
不受规制的	在欧盟具有安全使用历史的传统配料
有使用条件的	添加剂 补充剂 转基因食品 其他新食品
受限制	农药残留 兽药残留 其他污染物
禁止	导致疯牛病的风险物质 零容忍的残留或污染物

2008年12月，欧盟食品改良剂一揽子规定出台，其中包括4个针对食品成分的条例：《关于食品添加剂、食品酶和食品香精的共同许可第1331/2008号条例》《关于食品酶的第1332/2008号条例》《关于食品添加剂的第1333/2008号条例》和《关于香精的第1334/2008号条例》。这些条例对食品改良剂的规则和程序等规定了基本要求，既协调各成员国的相关法规和标准，又为欧洲市场内的消费者健康安全提供了保障。

（五）转基因食品立法

作为一种特殊的新食品，转基因食品在入市前应当基于双重安全评估机制获得许可。对此，一方面是指根据《2001/18号指令》规定的标准获得向环境释放的许可，另一方面是根据《1829/2003号条例》规定的标准获得食品或饲料的许可。欧盟针对转基因食品的规制框架规定了一揽子立法，除了上述法令之外还包括：《1830/2003号条例》针对转基因物质的追溯和标识，并对《1829/2003号条例》中的标识进一步细化；《65/2004号条例》

---

① 　根据荷兰范德穆伦（Bernd van der Meulen）教授的食品立法方法：（1）食品企业可以自由选择有安全历史的传统配料；（2）针对食品添加剂、转基因食品和其他新食品等，则需要在它们的安全性得到认可后才能进入欧洲市场；（3）针对很多可引发食品安全风险的物质或微生物，则有限量要求，如针对农药和兽药的最大残留量要求；（4）针对一些具有食品安全风险的材料，它们被认为是不能用于或出现在食品的。该表格及其具体举例可以参见：Bernd van der Meulen. 欧盟食品法手册[M]. 孙娟娟，译.上海：华东理工大学出版社，2017：191.

针对转基因物质的单一识别码设计和分配体系，该体系适用于《1830/2003号条例》所规定的追溯；《641/2004号条例》是执行《1829/2003号条例》的具体规则，细化了许可程序的要求。在该一揽子立法中，《1829/2003号条例》是针对转基因食品和饲料的核心规制立法，其针对含有转基因物质的食品和饲料以及这类食品的标识做出了规定。

（六）污染物和受限物质立法

根据表4-1所总结的4种食品立法方式，关于污染物和受限物质的立法，属于针对"限制性"污染物和"禁止"使用物质的立法。欧盟《315/93号条例》规定了针对化学性食品污染的控制原则：

（1）从公众健康保护的角度看，当食品中含有不可接受的污染物达到一定程度时，该产品不得入市销售，尤其是考虑到它的毒素水平。

（2）采取合理的措施保证污染程度应当尽可能地低，尤其是依照所建议的良好工作规程。

（3）必要时，欧盟委员会可以针对具体的污染物确立最大的容忍度。

《1881/2006号条例》通过设立一些污染物的最高标准，来具体落实《315/93号条例》。此外，《1107/2009号条例》规定了有关农药入市许可的内容，《470/2009号条例》规定了针对动物源性食品的兽药最大残留量，《2073/2005号条例》对食物中的微生物规定了法定限量，《1935/2004号条例》则对所有食品接触材料规定了基本要求。

（七）食品卫生立法

欧盟确保食品安全生产的立法有4项，分别是《852/2004号条例》《853/2004号条例》《854/2004号条例》和《882/2004号条例》，都于2006年生效，这4项条例构成了一系列主要适用于食品企业从业者的规则。其中，欧盟食品卫生法的核心条例是《852/2004号条例》，通常被称为1号卫生条例，其范围决定了其他卫生条例的范围，其他条例都是基于该条例的基本规定，就具体事项进行立法。

《852/2004号条例》规定了原则、规则、要求以及为实施这一法律采取的措施，并涉及食品生产链中各个环节的所有食品的食品企业从业者。该条例对"食品卫生"进行了定义，是指为防控危害并确保用于既定用途的食品适宜人类消费所必要的措施和条件。

《853/2004号条例》（2号卫生条例）规定了动物源性食品的要求；《854/2004号条例》（3号卫生条例）基于2号卫生条例的要求，明确了相应的官方控制的组织必要性；《882/2004号条例》则是增强了那些意在预防、消除或者处理有害人类和动物健康的风险的控制，以及确保食品和饲料贸易的公平性，进而保护消费者。

（八）食品信息立法

保障食品信息这一中介作用的透明度是市场有序运行的条件，可以保护消费者免受不公平信息行为的侵害并使其能够做出知情选择，同时，通过商标的注册可以保护企业品牌免受其他企业的侵害。欧盟《通用食品法》第8条规定了有关消费者利益的保护："食品法的目标是保护消费者的利益，确保他们有足够的信息进行食品选购。因此需要预防下列行为：（1）欺诈和欺骗性的行为；（2）食品的掺假掺杂；（3）其他可能误导消费者的行为。"《通用食品法》第16条针对企业进一步规定："在不违背食品法的某些具体规定的情况下，食品或者饲料的标识、广告和说明，包括它们的形状、外形、包装、包装材料、包装方式、陈列地点，以及其他媒介传达的信息都不得误导消费者。"

欧盟《关于协调成员国食品标识、介绍和广告的第2000/13号指令》是规范食品信息要求的法律基础，如今，该指令在2014年12月13日被《1169/2011号条例》所取代，该条例又被称为《食品信息条例》，其中规定了食品应当强制披露的具体信息，如食品名称、成分列表、食品的净重量、最短适用时期、任何特殊的储藏条件和/或使用条件以及原产地或来源地等详细说明。

四、欧盟食品安全标准简介

欧洲标准由3个欧洲标准化组织制定，其中，CENELEC负责制定电工、电子方面的标准，ETSI负责制定电信方面的标准，而CEN负责制定除CENELEC和ETSI负责领域外的所有领域的标准。因此，欧盟食品安全标准的制定机构主要包含两层体制：一方面是欧洲标准化委员会（CEN），另一方面是作为CEN成员的国家标准制定机构。CEN成员就是欧洲国家的国家标准化机构，其共有34个欧洲国家的国家标准化机构，这些国家中既包括欧盟所有成员国又包括欧洲单一市场中的其他国家。

欧洲标准的协调，离不开欧洲标准的"自动转化机制"。在CEN中，作为CEN的成员，每个国家标准化机构都有义务采用每一项欧洲标准作为其国家标准并向其所在国家的客户公开，此外，国家标准化机构还必须撤销任何与新制定的欧洲标准相冲突的现存国家标准。因此，在欧洲标准化组织中，一项欧洲标准制定后会成为覆盖其所有成员的国家标准。

CEN既是国际私人的非营利性标准化组织，又是经欧盟承认的欧洲标准化组织，与欧盟委员会合作，为支持欧盟立法政策落地实施制定欧洲标准（协调标准）。CEN的技术委员会（CEN/TC）具体负责标准的制定、修订工作，各技术委员会的秘书处工作由CEN各成员国分别承担。CEN共设有330个技术委员会，发布了500多个欧洲食品标准，包括农药兽药残留限量标准、认证认可标准等。

欧洲食品安全标准（协调标准）是以反复使用为目的，由公认机构批准的、非强制性的、规定食品或相关食品加工和生产方法的规则或指南，包括那些适用于食品、加工或生产方法的对术语、符号、包装、标识或者标签的要求，内容限于为满足欧盟食品安全（新方法）指令的基本要求提供具体技术细节和规定。

欧盟通过技术法规和标准的相互配合，既存在立法直接制定标准的"技术立法"模式，又存在"新方法"协调模式，使得欧盟食品安全的技术法规内容更为全面，可操作性更强，有效兼顾了促进食品领域单一市场的深化发展与保障消费者利益的目标。

五、欧盟食品安全监管机构及职能

在欧盟食品安全监管体系中，主要的监管机构有欧盟委员会健康和消费者保护总署（DG-SANCO）、欧盟食品链及动物健康常设委员会（SCF-CAH）、欧盟健康与食品安全总司（DG-SANTE）、欧盟食品与兽药办公室（FVO）和欧盟食品安全局（EFSA）。

（1）欧盟委员会健康和消费者保护总署（DG-SANCO）负责提议有关欧盟食品安全管理法规的决策，经成员国专家讨论，形成欧盟委员会最终提议，然后将提议提交给欧盟食品链及动物健康常设委员会，或将提议直接提交给理事会，再由理事会和议会共同决策。

（2）欧盟食品链及动物健康常设委员会（SCF-CAH）是欧盟委员会下设的食品安全立法机构，主要负责制定相关法律，并为欧盟委员会制定整个食品链各个阶段的食品安全监管措施，同时也会在实施食品安全措施方面协助欧盟委员会的工作。

（3）欧盟健康与食品安全总司（DG-SANTE）是欧盟委员会的下属机构，主要负责相关食品安全法规的实施和监督。其工作内容具体分为以下3点：① 监控欧盟各成员国转化使用欧盟通过的有关食品安全、消费者权益和公众健康等法律；② 征求各方利益相关者的意见；③ 代表欧盟参与成员国当局的活动和提案。

（4）欧盟食品与兽药办公室（FVO）是欧盟健康与食品安全总司下属的食品安全监管机构，主要职责是监督和评估各个成员国执行欧盟对于食品质量安全、兽药和植物健康等方面法律的情况，负责对欧盟食品安全局的监督以及对其工作的评估，确保各成员国能够正确实施和执行食品安全、动物健康、动物福利、植物卫生和医疗设备方面的欧盟法律。

（5）欧盟食品安全局（EFSA）是欧盟一个独立的科学咨询机构，主要负责为欧洲议会、欧盟委员会和欧盟成员国提供科学建议和风险评估结果，并为公众提供风险信息。欧盟食品安全局成立于2002年2月，其工作直接或间接地涵盖了食品和饲料安全的所有事项，包括动物健康和福利、植物保护及植物健康和营养。该局主要由管理董事会、执行董事、顾问团、科学委员会及其常设科学组这4个机构组成。

第二节　美国食品安全法律法规及标准

一、美国食品安全法律体系的发展和特点

（一）美国食品安全法律体系的历史发展

在第一次工业革命浪潮的推动下，美国的食品工业得到了迅猛发展，在巨额利润的驱使下食品市场出现了掺假、掺毒、欺诈等现象，严重损害了消费者的健康。19世纪末20世纪初，美国陆续通过了单项法律用以规范食品和药品，如1897年的《茶叶进口法》和1902年的《生物制品控制法》。

随着公众对食品工业健康危害的认识增长，公众对监管力度的需求也越来越大。19世纪末，受污染的食物、牛奶和水引起了许多食源性传染病。美国迈克尔·T.罗伯茨（Michael T. Roberts）教授将食源性风险的来源主要分为3类：（1）未被监测、移除或补救的污染、病源或其他有害物质；（2）因存储、处理或加工不当，无法监测和排除有害食品材料或食品材料污染物；（3）故意将潜在的有害物质（包括添加剂、毒素、化学品和农药、动物药物残留物和包装材料）引入食品供应链。基于有关"掺假"食品对公众健康危害的认识，美国国会于1906年通过了《食品和药品法》（PFDA）和《联邦肉类检验法》（FMIA）两项法令禁止食物掺假。FMIA制定了卫生标准，强制在整个屠宰过程中执行，以"保证肉类和肉类食品有益健康、不掺假、正确包装"，进而保护消费者；PFDA负责规制FMIA不涵盖的肉类食品，主要禁止在州际食品贸易中掺假。

20世纪30年代，新的生活方式和产品种类、科学技术的发展需要更现代的监管方法和立法，《食品和药品法》已过时，尤其是1937年发生的磺胺酊剂中毒事件，导致107人因误食未经测试的药物（磺胺酊剂）而死亡。1938年，美国国会通过了《食品、药品和化妆品法》（FDCA），相比于1906年法令FDCA扩大了管辖范围，致力于确保食品的安全性、卫生性以及生产卫生、包装和标签的可信性。FDCA后来一直是美国食品安全法律体系的基础。

随着各种化学农药大肆使用，人类饮食健康受到了严重危害，美国于1996年颁布了《食品质量保护法》（FQPA），要求对通过膳食和非膳食途径摄入的农药残留对人体造成的健康风险进行全面评估。2011年，为了应对进口和国内食品所引发的食品安全问题，《食品安全现代法》（FSMA）出台并提出了一个新的联邦食品安全监管体系，重点从食品安全监管转向预防工作、增强了机构间合作，以共同监管食品安全。2015和2016年，美国食品药品监督管理局相继发布了FSMA的配套法规《食品现行良好操作规范和危害分析及基于风险的预防控制》和《人类和动物食品卫生运输法规》，构建起更现代化的食品安全管理体系，强调预防和基于风险分析的方法，推进FDA保护食品生产链的全过程安全无害。

（二）美国食品安全法律体系的特点

1.层次分明、种类齐全

美国食品法律体系中包含了多样的法律工具，从食品质量安全、食品营养到管理食品贸易、食品市场推广等。其中，既有综合性的《食品、药品和化妆品法》《公共卫生服务法》和《食品质量保护法》，也有非常具体的《联邦肉类检验法》《禽类产品检验法》和《蛋类产品检验法》等。这些法律法规覆盖了所有食品，为具体制定食品安全保证以及监管程序提供法律依据。

美国食品安全法律法规主要包括两方面：一是议会通过的法令，如《美国法典》第7卷农业、第9卷动物与动物产品和第21卷食品与药品以及《行政管理程序法》等；二是由权力机构根据议会授权制定的法规，如《食品、药品和化妆品法》《联邦肉类检验法》等，并在"联邦登记"（Federal Register，FR）中颁布，公众可查询这些法规的电子版。

2.以风险分析和预防作为立法基础

美国国会颁布的食品安全法令对执法机构广泛授权，获得授权的执法机构不仅可以据此采取特定措施，还具有充分的灵活性对法规进行修改和补充，而不需制定新的法令。风险分析和系统性预防方法不仅成为食品安全监管机构作出有效决策的依据，还可为其立法和修法工作提供强有力的科学依据和推荐方案。其中一种系统性食品安全预防方法是危害分析与关键控制点（HACCP）方法。HACCP注重食品生产链的全过程，用于识别潜在的食品安全危害，据此采取行动即关键点控制（CCPs）。

3.透明开放的立法过程

美国法规的制修订是在公开、透明和交互的方式下进行的。美国《行政管理规程条例》（APA）详细说明了法规制定的要求，只有在APA指导下的行政部门所颁布的独立法规才具有强制性和法律效力，并必须发表在联邦政府出版物上。在制修订法规阶段，立法机构通常会发布一个条例提案作为先期通知，指出存在的问题和机构建议方案。在最终法规发布前，要为公众提供开展讨论和发表评论的机会。当遇到特别复杂的问题时，立法机构根据需要召开公众会议或咨询委员会会议。公众会议和咨询委员会会议在联邦登记（FR）中发布，涉及商业机密的除外。为了提供透明度，美国政府机构还广泛使用民间媒体网络。

二、美国食品安全法律法规简介

（一）《食品、药品和化妆品法》

《食品、药品和化妆品法》（FDCA）是美国食品安全法律的核心，为美国食品安全管理提供了基本原则和框架。FDCA拓宽了1906年法令所涉及的监管范围，第一次规定掺假包括可能有害的细菌或化学品并允许检查食品制造和加工设施，禁止出售在不卫生条件下生产的食品，授权美国食品药品监督管理局（FDA）监督养殖动物适用的药物，批准食品的强制性标准。FDCA的主要内容包括：法令禁止行为和违禁行为的处罚，食品的定义与标准，食品中有毒成分的法定剂量，农产品中杀虫剂化学品的残留量，药品和器械上市前的批准，食品、药品、医用器械的进出口管理等。

FDCA自1938年通过以来经过了多次修订。例如：1954年通过的杀虫剂修正案，专门对上市的新鲜水果、蔬菜及其他农产品中农药的残留量做出限定；1958年通过了食品添加剂修正案，其中"德莱尼"①（Delaney）条款绝对禁止FDA允许致癌物质作为食品添加剂；1960年通过的色素添加剂修正案，定义了色素添加剂，并对已注册色素和未注册色素作出规定。

（二）联邦检查法令

联邦检查法令主要由3个独立法令组成：1906年的《联邦肉类检验法》（FMIA）、1957年的《禽类产品检验法》（PPIA）和1970年的《蛋类产品检验法》（EPIA）。这3项法令授予食品安全监督服务局广泛的执法权，对牲畜、家禽屠宰场和鸡蛋加工场进行检查，监管产品的加工，确保其营养价值和标签的准确性。

（1）《联邦肉类检验法》（FMIA）要求对某些动物（牛、羊、猪、马等）进入屠宰设施前进行目视检查，某些部位需接受屠体剖检；肉制品加工设施定期检查。FMIA规定了3种检查豁免，包括指定豁免、传统零售型企业豁免和区位豁免3种情况。FMIA还规定了刑事和民事处罚规则。

（2）《禽类产品检验法》（PPIA）要求检查所有用作人类食用的家禽和家禽产品，并规定了与FMIA类似的豁免检查以及刑事和民事处罚条款。PPIA还授权美国农业部监管任何从事"买卖、冷冻、存储或运输"的经营者存储和处理家禽产品的行为。

（3）《蛋类产品检验法》（EPIA）对蛋制品和壳蛋提出了具体检验要求。与肉类和禽类检查相似，EPIA要求受规制的企业须实施美国农业部制定的相关卫生规则，并授权农业部对不合规工厂检查，关闭其不合格设施。

（三）《食品安全现代法》

2011年，美国总统奥巴马签署了《食品安全现代法》（FSMA），重点由食品安全监管转向预防工作，将FDA推到预防食品安全的最前线，并扩大了FDA的食品安全管理领域。FSMA授权FDA就食品供应领域制定综合性、以科学为基础的预防性控制措施，并扩大FDA在食品产销及使用记录方面的权力等。

---

① "德莱尼"（Delaney）条款旨在禁止《食品、药品和化妆品法》批准任何致癌的食品添加剂，它不仅关注一般食品添加剂，更注重日益增长的食品化学品与癌症之间的联系。该条款规定："任何一种添加剂被人或动物摄入时会诱发癌症，或在用于评估食品添加剂的安全性实验中表明会在人或动物中诱发癌症，都不能被认为是安全的"。具体解释可以参见：Michael T. Roberts.美国食品法[M].刘少伟，汤晨彬，译.上海：华东理工大学出版社，2017：81.

FSMA 主要在食品安全预防控制、食品生产企业的检查和执法、进口食品安全、及时应对问题食品和加强国内外食品安全监管机构的合作等方面进一步加强了监管，重新整合了相关监管机构的权力。例如，在进口食品安全方面，FSMA 要求 FDA 建立一个体系，以管理负责审核其管辖下的外国设施或进口食品的第三方的认证。具体而言，由专门的认证机构负责对第三方机构进行认证，这些认证的第三方可以审核外国食品或设施是否符合美国要求。第三方认证作为食品安全监管的一个手段，是指由各政府机构依靠的机构来核查是否合规的制度，以便美国政府利用有限资源有效监管外来食品的安全性。

自 2011 年《食品安全现代法》生效以来，FDA 制定了多个重要的配套法规，如《人类食品预防控制最新规定》《人类和动物食品卫生运输法规》《营养标签与教育法案》《饮食健康与教育法案》《食品过敏原标识和消费者保护法》等。

（四）《食品质量保护法》

1996 年美国国会一致通过了《食品质量保护法》（FQPA），该法修订了《食品、药品和化妆品法》和《联邦杀虫剂、杀菌剂和杀鼠剂法》，为应用于所有食品的全部杀虫剂提供了一个单一的、以健康为基础的标准，并特别关注儿童对农药的易感性，为婴儿和儿童提供了特殊的保护。FQPA 对安全性较高的杀虫剂进行快速批准，要求定期对杀虫剂的注册和容许量进行重新评估，以确保杀虫剂注册的数据不过时。

《联邦杀虫剂、杀菌剂和杀鼠剂法》由美国国会在 1947 年颁布，它对农药的广泛定义为："用于预防、破坏、驱逐或减轻任何害虫的任何物质或混合物"。该法最初侧重于规范有关产品性能的欺诈性宣传以及将新农药快速投放市场。随着农药管制的重点从商业利益转移到保护人类健康和环境上，相关法律和监管也更加严格，由此颁布了 1996 年的《食品质量保护法》。

《食品质量保护法》的主要条款包括：关于食品中农药等污染物允许量的新计量法和规定，关于婴儿和孕妇需要增加额外的安全因子的规定，关于对总体接触污染物摄入量的计算规定，关于对农药效益的考虑，关于采用先进科学成果和新技术的规定，关于设立顾问委员会对允许残留量进行重新评估等。例如：FQPA 规定了"低风险农药"的快速登记流程，对于人类健康、非目标生物体或地下水影响较小的"低风险农药"的认定要符合相应标准；美国环保署应根据 FQPA 制定的安全标准，来设定容许限量，即"合理的农药化学残留物含量，使得与其接触不会造成任何损害"；美国环保署还应每 15 年对容许限量规定作出修改或更新，并评估注册人提高农药剂量率或应用频率，因为这些做法会导致食品中的残留水平升高。

三、美国食品安全标准简介

（一）美国食品安全标准体系

美国的标准体系主要由3部分组成：以美国国家标准学会（ANSI）为协调中心的国家标准体系、联邦政府标准体系和专业团体的专业标准体系。其中，联邦政府标准体系由政府专用标准组成，是政府为其自身采用而制定的强制性标准，分为采购标准和监管标准，属于技术法规范畴，其内容涉及公共资源、生产安全、公共健康和安全、环境保护和国防安全等领域。社会专业团体制定的标准是专业团体标准，经过ANSI认可的则上升为国家标准，而未经ANSI认可的专业团体标准属于广义标准的范畴，其社会影响力较小。除了上述3类标准之外，还存在公司标准，主要用于公司内部设计、制造、采购和质量控制。

美国标准化发展较早，早在19世纪就成立了一些颇具影响的行业性标准化组织，如美国试验与材料协会（ASTM）、美国机械工程师协会（ASME）和美国电气工程师协会（AIEE）等。这些协会经过协商，在1918年与美国商务部、陆军部和海军部3个政府部门共同发起成立了全国性的美国工程标准委员会（AESC），并于1969年改名为美国国家标准学会（ANSI）。

因美国活跃的专业标准化团体，在市场竞争中发展起来的分散标准化体系满足了市场需要，同时促进生产商发展在技术和安全上被社会接受的产品，所以联邦政府认为没有必要再发展集中的政府运行的标准化体系，从而形成了结构分散化的标准体系。为保证整个标准体系的完整性，联邦政府授权ANSI负责协调分散的标准体系和众多的标准化团体，并指定它作为唯一的批准发布美国国家标准的机构。政府部门则以普通会员的身份在相关领域参与民间团体的标准化活动，作为相关方参与标准制定，需要时以购买者的身份采购标准。例如，美国试验与材料协会（ASTM）是一个非营利的民间标准化组织，由来自100多个国家的30000多个生产企业、用户、消费者、学术团体和政府的代表组成，政府在ASTM中与其他成员的权利是平等的。

（二）美国食品安全技术法规与标准的关系

美国的食品安全技术协调体系由技术法规和标准两部分组成，从内容上看，技术法规是强制实施的、规定与食品安全相关的产品特性或者加工和生产方法的文件；而食品安全标准是出于通用或反复使用的目的，由公认机构批准的、非强制性实施的、规定产品或者相关的食品加工和生产方法的规则、指南或者特征的文件。

有时，政府相关机构在制定技术法规时会全文"采用"已经制定的标准，作为满足技术法规要求的具体技术路径，被采用的标准因成为技术法规的一部分而具有强制性。技术法规直接采用标准可以为执行者提供遵照的便利，有利于减少执行技术要求过程中出现执行错误的标准或过时的标准等麻烦，只需按照技术法规的内容实施便同时遵守了法规和标准的要求。

然而，技术法规全文采用标准的方式存在缺陷，即如果被引用全文的标准跟进技术、实践和市场发展发生了变化，技术法规也需要相应修订，以反映最新标准内容、最新技术的发展以及市场和实践的最新需求。然而，法规修订不仅会加大联邦政府机构和部门的立法成本，还会影响技术法规的权威性和稳定性。因而，除了全文采用标准的方式外，政府部门在制定技术法规时还会"引用"已制定的标准，即在技术法规中直接写入标准的"基本信息"（包括标准的名称、代号和顺序号等信息），指引法规和标准的实施者定位具体的技术标准来执行法规要求和标准规范。

美国技术法规除了"采用"和"引用"标准之外，还将标准作为制定法规的基础（basis for rulemaking，BR），即在联邦政府机构对相关标准进行评审的基础上，根据需求对标准进行适当修改，再将其作为一项建议的法规在《联邦法规法典》上公布修改件。这也是美国联邦政府机构运用民间标准化机构所制定标准最常用的方法。具体而言，美国联邦政府机构会先对标准进行评审，即由政府机构，法律、经济、工程等业界，以及相关组织代表共同组成的委员会进行共同评定，以判断有关自愿性标准是否能实现消除或降低伤害或危险的目的，如果评定结果是肯定的，则由政府机构将该自愿性标准采纳为强制性标准或作为制定技术法规的基础；如果现有的自愿性标准在某些方面尚不能满足法律的要求，委员会可以要求标准制定组织修订该标准，或是另行制定政府专用标准或技术法规。

第三节　日本食品安全法律法规与标准

一、日本食品安全法律法规体系的发展与现状

日本虽然不是最早实行食品法的国家，但其继欧盟、美国后不久也提出了相关的理论，并不断完善本国食品安全法律法规体系和标准体系建设。

（一）《食品卫生法》

第二次世界大战后初期，日本粮食短缺，流通管理混乱，导致大批不符合卫生条件的食品上市，这些劣质食品导致日本多次发生食品中毒事件。为了解决食品卫生问题、保障国民饮食生活的正常运转，日本在1947年制定了《食品卫生法》，该法是日本控制食品安全与卫生的重要法典。《食品卫生法》第1条确立了其立法宗旨在于"防止饮食卫生危害，确保食品安全，保护市民健康，从公共卫生角度出发，实施法规或其他必要措

施"。1948年，日本进一步制定了《食品卫生法实施规则》，1953年颁布了《食品卫生法实施令》。

作为一个法制比较完善的国家，日本对其法律及法律条款的修订非常普遍。《食品卫生法》在1956、1972年经过了两次修订。进入21世纪后，该法又先后经过了24次修改，如2003年确定社会团体在食品安全中的责任；2006年针对食品添加剂的泛滥，在修订中正式加入了"肯定列表"制度；2008、2012年又先后对实施该法的相关条例进行了修订；2013年修订时对婴幼儿食品、牛乳等容易含有放射性物质的食品确定了铯元素的安全值，并要求食品安全委员会定期对这些放射性元素进行检测，并向社会公布发布检测报告等。

《食品卫生法》的内容主要分为两部分，一是针对食品从种植、生产、加工、贮存、容器包装规格、流通到销售的全过程的食品卫生要求；二是有关食品卫生监管方面的规定。《食品卫生法》的解释权和执行管理均归属于厚生劳动省，厚生劳动大臣有权派遣食品卫生监视员对食品从业者进行必要的检查和指导。《食品卫生法》涉及的对象众多，包括食品、食品生产者和制造者等，食品中又涉及食物原料、添加剂、包装材料、盛放材料等诸多方面和过程。《食品卫生法》的基本目录如下：

——总则
——食品及添加剂
——器具及容器包装
——标识及广告
——食品添加剂规格
——监控指导准则及计划
——检查
——注册检查机关
——经营
——杂则
——罚则
——附则

（二）《食品安全基本法》

21世纪初，日本爆发了"森永砒霜奶事件""水俣病事件""雪印中毒事件"等食品安全事故，日本不得不重新审视调整国内的食品安全立法，并反思其食品监管理念。2001年日本为了应对BSE（疯牛病），成立了"BSE问题调查委员会"。该委员会在2002年提交的报告中指出日本食品安全监管的诸多问题，并倡议引入风险分析的科学框架，完善食品立法。在此报告的基础上，日本政府于2003年3月通过了《食品安全基本法》，同年7月1日正式施行。

《食品安全基本法》经过了数十次修订，已经成为日本食品安全的核心法律。该法以保护国民健康至上为原则，法律规制从食品卫生转向食品安全，以科学的风险评估为基础，预防为主，对食品供应链各环节进行监管，确保食品安全。

《食品安全基本法》第4条要求"在食品供应各环节采取适当措施"，在此项要求下，日本建立了食品身份编码识别制度，一旦食品安全出现问题，即可根据相关编码对食品安全的各个环节进行追溯。

《食品安全基本法》第6条至第8条分别规定了国家政府部门、地方公共团体、食品从业者对食品安全应当承担的法律责任，并通过《食品卫生法》等法律对这些食品安全责任主体的违法行为进行相应处罚。《食品安全基本法》第9条还要求"消费者应努力提高食品安全知识……在食品安全政策方面努力表达意见。为确保食品安全发挥积极作用。"

《食品安全基本法》在食品安全监管体制方面最大的创新是设立了"食品安全委员会"，该委员会负责食品安全的宏观控制和协调，但不具备对食品安全具体事务进行行政执法的权限。享有具体行政执法权限的机构是厚生劳动省和农林水产省，二者共同对农业、畜牧业、进口食品等食品安全相关领域进行监管。此外，日本还根据需要设立了消费者厅，主要用于处理与消费者相关的食品安全保护等事务，作为厚生劳动省和农林水产省对食品安全执法的必要补充。

日本《食品安全基本法》建立了食品安全全过程可追溯体系、统一的食品安全监管体系，以及对食品安全违法行为进行严厉惩罚等一系列立法创新，其根本目的在于建立确保食品安全的法律制度体系，充分体现了其有效保障国民健康的根本价值。

（三）其他相关法律

除了《食品安全基本法》和《食品卫生法》这两部食品安全监管的核心法律外，还需要其他配套的法律法规来明确其实施细则，主要有以下几方面立法。

（1）食品标识方面的立法。2003年为了配合《食品安全基本法》的实施，日本颁布了《健康促进法》，要求食品方面的广告及宣传必须尊重事实，不做虚假、夸大的宣传。2013年，日本废止了实施了60余年的《农林规格法》，颁布了《食品标识法》，对农产品、食品标识做了统一规定，并明确了其标识的识别、更新、溯源、管理等方面的细则。

（2）农业立法。1950年日本制定了《日本农业标准法》也称《农林产品标准化与正确标识法》（简称JAS法），1970年修订，2000年全面推广实施。JAS法确立了两种规范，分别是：JAS标识制度（日本农产品标识制度）和食品品质标识标准。该法不仅确保了农林产品和食品的安全性，还为消费者能简单明了地掌握有关食品质量等信息提供了方便。2003年6月，日本集中修订了《农药取缔法》《肥料取缔法》，明确了农药、化肥的使用标准，且要符合《食品安全基本法》的要求。

（3）畜牧业立法。2001年日本修订了《屠宰场法》和《家禽规制法》，明确了两法的主管部门厚生劳动省和农林水产省之间的协调与合作。2002年日本颁布了《BSE法》，确定了牛肉及其制品全过程的追溯制度。日本《家畜传染病防治法》适用于进口动物检疫，农林水产省管辖的动物防疫站为其执行机构。

（4）植物防疫立法。1950年日本颁布的《植物防疫法》适用于进口植物检疫，农林水产省管辖的植物防疫站为其执行机构。该法规定，凡属日本国内没有的病虫害，来自或经过其发生国家的植物和土壤均严禁进口。日本还制定了《植物防疫法实施细则》，详细规定了禁止进口植物的具体区域和种类以及进口植物的具体要求等。

二、日本食品安全标准体系简介

日本利用其强大的经济实力和科技实力，建立了范围广、数量大、数值严、更新快的完备的食品标准体系，既提升了本国食品安全整体水平，还可借此根据国内需求，调控国外产品进入本国市场。日本不仅在生鲜食品、加工食品、有机食品、转基因食品等方面制定了详细的标准和标识制度，而且在标准制定、修订、废除、产品认证、监督管理等方面建立了完善的组织体系和制度体系，并以法律形式固定下来。此外，关于农业化学品残留限量标准，日本《食品卫生法》第11条规定了肯定列表制度，即在法律中直接通过列表的方式明确规定可用的食品添加物质及食品添加剂残留的最高限制标准。

日本食品标准的制定机构主要是厚生劳动省和农林水产省。

（一）日本《食品卫生法》第11条明确规定

"厚生劳动大臣，在听取药事及食品卫生委员会的意见后，可以从公共卫生角度出发，制定用于销售的食品或添加剂的生产、加工、使用、烹饪、保存方法标准，以及制定食品或添加剂成分规格。"厚生劳动省主要负责制定食品安全标准的一般要求和规格基准，如食品和器具的卫生标准、出口粮食标准、动物性食品卫生标准、食品添加剂和包装容器标准等。

（二）日本《农林产品标准化与正确标识法》（JAS法）第7条明确规定

"农林水产大臣，如果为了达到第1条的目的，需要制定日本农业标准，应规定某种农林产品，并制定其标准。"同时，"应考虑该农林产品质量、生产、交易、使用和消费现状及其未来趋势，以及国际标准状况。要反映出各利益相关方的意见，且保证在相同条件下，它们不受到不公平的歧视"。农林水产省主要负责制定农林产品的质量标准（包括产品状况，如形状、尺寸、数量、包装及包装材料）和质量标识（包括标识名称和原产地名称，但不包括营养成分标识）。

日本食品标准体系分为国家标准、行业标准和企业标准3层。（1）国家标准即JAS标准，以农产品、林产品、畜产品、水产品及其加工制品和油脂为主要对象，国家标准在整个日本食品安全标准体系中具有权威性和指导性作用。（2）行业标准多由行业团体、专业协会和社团组织自主制定，主要是作为国家标准的补充或技术储备。（3）企业标准是各株式会社自行制定的操作规程或技术标准。

三、日本食品安全监管机构及职能

2001年，日本重新调整了食品安全监管机构的设置及相关职权的配置。当前，日本食品监管机构主要由食品安全委员会、厚生劳动省和农林水产省构成日本管理食品安全的三驾马车。这3个部门分工明确：食品安全委员会享有统筹指导职权，主要负责食品安全风险的收集、统计、分析和食品安全政策等工作；厚生劳动省和农林水产省享有具体的行政执法权限，二者相互配合，共同对农业、畜牧业、进口食品等食品安全领域进行监管。此外，还设有消费者厅作为补充，主要处理与消费者相关的食品安全保护事务。

（一）食品安全委员会的统筹领导

食品安全委员会是根据《食品安全基本法》成立的日本食品安全规制的重要主体，主要进行风险管理法规制定，在客观和中立公正的基础上开展风险评估（食品对健康的影响）工作，并根据评估结果建议厚生劳动省、农林水产省等采取对策。从法律上看，该委员会是独立机构，尽管隶属于内阁府，但其权力是独立的，任何机构不能干预。食品安全委员会的主要职能包括：

1.风险评估

风险评估即开展"食品健康影响评估"工作。包括对食品添加剂、农药、微生物等可能给人类健康带来危险的物质进行评估分析。

2.风险沟通

将发现的潜在危险信息及时向厚生劳动省和农林水产省反馈，就食品安全问题相互交流信息、交换意见，促进具体监管政策的形成，确保信息的透明度，推动公众对风险管理政策的认知。

3.紧急事件统筹应对

在紧急情况下迅速采取措施，统筹各食品安全监管机构间的合作，努力防止危害扩大和复发。

4.促进国际合作

通过签署合作文件、举行定期会议和召开专家座谈会等方式，积极促进与其他国家和国际组织的合作交流。

（二）厚生劳动省和农林水产省的协作执法

厚生劳动省和农林水产省均是食品安全的规制者，不过两个部门的职能不同，厚生劳动省主要承担了日本食品风险管理和保障食品卫生安全的任务，农林水产省则对农业、林业和渔业进行管理，主要负责国内生产的各种生鲜农产品从生产到粗加工过程中的安全性。

厚生劳动省是2001年根据《厚生劳动省设置法》创设的。依据《食品卫生法》的要求，其专门下设了药品食品安全局负责对食品的风险管理。厚生劳动省的主要职责包括：（1）按照内阁府食品安全委员会的风险评估结果来制定食品标准并监督实施；（2）监督指导食品的流通环节及其进出口；（3）推进对食品危害成分的研究；（4）促进食品风险信息交流，对紧急事态采取应急措施等。

农林水产省正式成立于1978年，是日本政府的核心部门，也是农林牧渔业的主要管理机构。根据《农林水产省设置法》第1条，农林水产省负责管理农业、林业和渔业。其下设消费安全局负责食品安全及消费安全。该局在食品安全监管的主要职责包括：（1）制定针对农业食品农药残留、农业标识等标识并进行监测；（2）推广并监督良好农业规范的实施；（3）负责农产品的质量安全调查，办理农产品质量认证及受理各类消费者投诉；（4）监督检查饲料、牲畜生长环境，确保肉类食品的安全；（5）构建食品安全信息查询系统，确保实现全程可追溯的食品安全监管目标。

（三）消费者厅对消费者权益的专门保护

2009年，内阁府消费者厅正式成立，它是日本政府为保护消费者权益专门设立的行政机构。在消费者厅中，设有消费者安全调查委员会，专门负责消费者纠纷的调查工作，并及时将调查结果向社会公告。此外，消费者委员会也有权向相关食品安全监管部门提出意见，促进消费者和政府决策机构之间的交流，并就政府相关的食品安全法规和政策在消费者群体中进行普及教育。在日本，消费者对于食品安全的监督是一种义务和责任。

◆◆◆ 思考题

1. 欧盟食品法规与标准的协调方式有几种？请简述不同协调方式的内容。

2. 以欧盟为例，简述技术性贸易壁垒体系的一般构成。

3. 简述针对食品及其成分的4种立法方法。

4. 简述美国食品技术法规与标准之间的关系。

5. 简述美国食品安全法律体系的特点及其法律法规的基本内容。

6. 简述日本食品安全监管机构的设置及其职能。

本章参考文献

艾志录.食品标准与法规[M].北京：科学出版社，2017.

Bernd van der Meulen.欧盟食品法手册[M].孙娟娟，译.上海：华东理工大学出版社，
　　2017.

陈淑梅.技术标准化与欧洲经济一体化[J].欧洲研究，2004(2)：97.

董晓文.日本食品安全监管法律制度的新发展及其启示[J].世界农业，2017(4)：121-122.

胡海波.标准化管理[M].上海：复旦大学出版社，2013.

兰天.欧盟经济一体化模式[M].北京：中国社会科学出版社，2006.

刘峥颢，卢鹏艳，姚艳斌.日本食品管理制度对我国食品行业的借鉴意义[J].河北农
　　业大学学报（社会科学版），2020(1)：63.

Michael T. Roberts.美国食品法[M].刘少伟，汤晨彬，译.上海：华东理工大学出版
　　社，2017.

钱和，庞月红，于瑞莲.食品安全法律法规与标准[M].2版.北京：化学工业出版社，
　　2019.

沈同，邢造宇，张丽虹.标准化理论与实践[M].2版.北京：中国计量出版社，2010.

王世平.食品标准与法规[M].2版.北京：科学出版社，2017.

王玉辉，肖冰.21世纪日本食品安全监管体制的新发展及启示[J].河北法学，2016（6）：
　　141-143.

杨玉红，魏晓华.食品标准与法规[M].2版.北京：中国轻工业出版社，2018.

余以刚，张水华.食品标准与法规[M].2版.北京：中国轻工业出版社，2019.

张彤.欧盟法概论[M].北京：中国人民大学出版社，2011.

周建安，鄢建.日本食品安全法律法规汇编[M].北京：中国质检出版社与中国标准出
　　版社，2016.

第五章　我国食品安全标准

◆◆ **本章导读**

《中华人民共和国食品安全法实施条例》第三条：食品生产经营者应当依照法律、法规和食品安全标准从事生产经营活动，建立健全食品安全管理制度，采取有效管理措施，保证食品安全。由此可见，食品安全标准是食品生产经营者生产的依据，对食品的安全生产起着至关重要的作用。

◆◆ **学习目标**

1. 了解掌握食品安全标准的概念、渊源、作用，掌握食品安全标准的内容。

2. 了解食品安全标准体系、食品安全相关标准的概念。

3. 了解中国现行食品安全法律法规体系、中国食品安全监管机构与职能。

4. 掌握食品安全标准制定原则和依据，了解食品安全国家标准构成体系、企业标准备案管理。

第一节　我国食品安全国家标准管理

为规范食品安全国家标准管理工作，充分体现食品安全标准在制（修）订过程中的科学合理、公开透明、安全可靠的原则，国务院卫生行政部门制定了《食品安全国家标准管理办法》《食品安全国家标准制（修）订项目管理规定》《食品安全国家标准工作程序手册》，规定了食品安全国家标准制（修）订过程中规划、计划、立项、起草、审查、批准、发布以及修改与复审等过程的具体工作要求。

一、职责

（一）职能部门

根据《食品安全法》的规定，食品安全国家标准由国务院卫生行政部门会同国务院食品安全监督管理部门制定、公布，国务院标准化行政部门提供国家标准编号。食品中农药残留、兽药残留的限量规定及其检验方法与规程由国务院卫生行政部门、国务院农业行政部门会同国务院食品安全监督管理部门制定。屠宰畜、禽的检验规程由国务院农业行政部门会同国务院卫生行政部门制定。

省级以上人民政府卫生行政部门应当会同同级食品安全监督管理、农业行政等部门，分别对食品安全国家标准和地方标准的执行情况进行跟踪评价，并根据评价结果及时修订食品安全标准。

（二）食品安全国家标准审评委员会（以下简称审评委员会）

2010年1月，国务院卫生行政部门组建了第一届审评委员会，第一届审评委员会由各部门推选，经严格遴选，并向社会公示后产生。2015年5月，国务院卫生行政部门启动了换届工作，组建了第二届食品安全国家标准审评委员会。审评委员会下设10个专业分委会，设主任委员、副主任委员和技术总师，以主任会议、专业委员会会议等方式开展工作，并按评审委员会章程开展工作。

审评委员会负责审评食品安全国家标准的科学性、实用性以及其他技术问题，提出实施食品安全国家标准的建议，对食品安全国家标准的重大问题提出咨询。

（三）审评委员会秘书处（以下简称秘书处）

秘书处设在国家食品安全风险评估中心，负责审评委员会的日常工作，协助拟定食品安全国家标准制定计划，督促检查标准制定项目执行情况，审核并上报食品安全国家标准草案，开展食品安全国家标准的咨询、答复、跟踪评价、研究和交流，负责食品安全标准信息化管理。

二、食品安全国家标准制定程序

（一）食品安全国家标准规划、计划和立项

（1）规划和计划：国家卫生健康委员会同国家市场监督管理总局、农业农村部等部门制定食品安全国家标准规划。食品安全标准规划有明确的食品安全标准的发展目标、实施方案和保障措施等。

（2）立项提出：国家卫生健康委员会牵头组织制定年度食品安全国家标准立项计划。国家市场监督管理总局、农业农村部等有关部门认为需要制定食品安全国家标准的，在编制食品安全国家标准年度制定计划期间，向国家卫生健康委员会提出立项建议。相关行业

协会、消费者协会、技术机构、食品生产经营者可以提出食品安全国家标准立项建议。

（3）立项要求：建议立项的食品安全国家标准，应当属于《食品安全法》第二十六条规定的食品安全标准范围。

（4）立项建议：立项建议应当包括需要解决的主要食品安全问题、立项的背景和理由、现有食品安全风险监测和评估依据、可能产生的经济和社会影响、标准候选起草单位等。

（5）立项意见：审评委员会根据食品安全标准工作需求，对食品安全国家标准立项建议进行研究，向国家卫生健康委员会提出标准制定计划的咨询意见。秘书处根据立项建议和审评委员会的咨询意见提出承担标准起草单位的建议。

（6）征求意见：国家卫生健康委员会在确定食品安全国家标准规划和年度计划前，应当向社会公开征求意见。

（7）立项调整：列入食品安全国家标准制定计划的项目在制定过程中可以根据实际需要进行调整。根据食品安全风险评估结果和食品安全监督管理中发现的重大问题，可以紧急增补食品安全国家标准制定项目。

（二）食品安全国家标准起草

（1）起草单位：国家卫生健康委员会择优选择具备相应技术能力的单位承担食品安全国家标准起草工作，与标准起草单位签订委托协议。相关部门应当指导督促本系统标准起草单位做好相关工作。

（2）起草要求：为保证标准起草工作的科学性，起草食品安全国家标准，应当依据食品安全风险评估结果并充分考虑食用农产品质量安全风险评估结果，考虑我国社会经济发展水平和客观实际的需要，参照相关的国际标准和国际食品安全风险评估结果。

（3）起草过程：标准起草单位和起草负责人在起草过程中，应当深入调查研究，充分听取标准使用单位、有关技术机构和专家的意见，保证标准起草工作的科学性、真实性。有关部门、研究机构、教育机构、学术团体、行业协会、食品生产经营者等应对标准起草工作给予支持和配合。

（4）起草完成：标准起草单位应在委托协议书规定的时限内完成起草工作，并将标准草案、编制说明、社会稳定风险评估报告等材料及时报送秘书处。

（三）食品安全国家标准征求意见和审查

（1）秘书处初步审查：秘书处对送审材料的完整性、规范性及与其他食品安全国家标准之间的协调一致性进行初步审查，形成标准征求意见稿并及时报送国家卫生健康委员会。

（2）公开征求意见：国家卫生健康委员会组织征求部门、行业意见，在国家卫生健康委员会网站上公开征求意见，并按照规定履行向世界贸易组织（WTO）的通报程序。

相关部门及行业组织组织本部门（行业）认真研究，在规定的时间内反馈意见。

（3）公开征求意见：处理公开征求意见的期限一般为两个月。秘书处将收集到的反馈意见送交起草单位，由起草单位对反馈意见进行研究，并对标准征求意见稿进行完善，对不予采纳的意见应当说明理由，形成标准送审稿。

（4）专业委员会会议审查：秘书处适时提请专业委员会审查标准送审稿。专业分委员会负责对标准科学性、实用性进行审查。单位委员派员参加专业委员会会议，并代表单位提出标准审查意见。审查标准时，须有三分之二以上（含三分之二）委员出席，且参会委员四分之三以上（含四分之三）同意的，标准通过审查。未通过审查的标准，专业分委员会应当向标准起草单位出具书面文件，说明未予通过的理由并提出修改意见。标准起草单位修改后，再次送审。

（5）主任会议审议：专业委员会审查通过的标准，由专业委员会主任委员签署审查意见后，提交审评委员会主任会议审查。主任会议对专业委员会的审查结果进行审议，审查各专业委员会提交送审标准之间的协调衔接、重大分歧意见的处理情况，以及与相关法律法规的符合情况。

（6）未通过审查：未通过审查的标准，审评委员会应当说明未予通过的理由并提出审查意见。标准起草单位应当根据审查意见修改，由秘书处审核后提交专业委员会、主任会议审查。有重大原则性修改内容的，应再次公开征求意见。

（7）通过审查：经主任会议审查通过的标准送审稿应当经技术总师签署审查意见，形成标准报批稿，报送国家卫生健康委员会。遇有特殊或紧急情况，标准审查程序可简化，由审评委员会主任委托技术总师牵头组织相关专业委员会和专家会议共同审查标准后，按程序报批。

（四）食品安全国家标准批准、编号和公布

（1）批准程序：国家卫生健康委会同国家市场督管理总局批准并以公告形式联合发布食品安全国家标准。食品中农药残留、兽药残留限量及其检验方法与规程，屠宰畜、禽的检验规程由国家卫生健康委员会、农业农村部会同国家市场督管理总局联合发布。批准发布食品安全国家标准的部门在标准会签过程中应当核查发布标准的合法性、制定程序与相关法律法规的协调性。

（2）标准编号：食品安全国家标准的编号工作根据国家卫生健康委员会和国家标准委的协商意见及有关规定执行。

（3）标准过渡期：食品安全国家标准发布和实施日期之间一般设置一定的过渡期，供食品生产经营者和标准的执行各方做好实施的准备。食品生产经营者和标准执行各方根据需要可以在标准公布后的过渡期内提前实施标准，并公开提前实施情况。

（4）标准解释：国家卫生健康委员会负责食品安全国家标准的解释，标准解释与食品安全国家标准文本具有同等效力。食品中农药残留、兽药残留限量及其检验方法与规程，屠宰畜、禽的检验规程的解释由农业农村部负责。秘书处组织标准起草人和起草单位为标准解释工作提供技术支持。

（5）标准公布：食品安全国家标准、标准解释在国家卫生健康委员会网站上公布，供公众免费查阅、下载。

（6）标准问答：根据需要，秘书处组织标准起草单位编写标准实施要点问答，报国家卫生健康委员会审核后发布，为标准的实施提供指导。

（7）标准指导、解答：对食品安全标准执行过程中的问题，县级以上卫生健康行政部门应当会同有关部门，依据标准解释及问答等给予指导、解答。

第二节　食品安全国家标准构成体系

我国目前食品安全国家标准体系包括通用标准、产品标准、规范标准、检验方法标准等4种类别的标准，食品安全国家标准构成体系见图5-1。

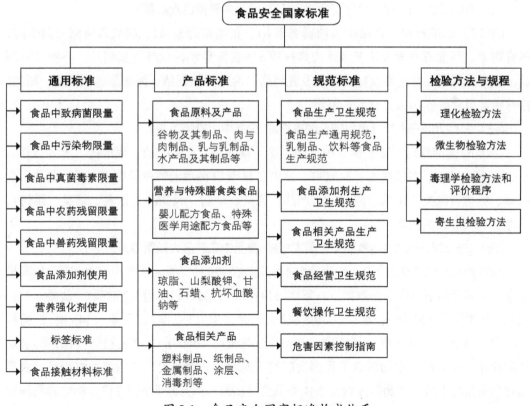

图5-1　食品安全国家标准构成体系

一、通用标准

通用标准主要设置食品中的环境污染物、农药残留、兽药残留、真菌毒素、致病菌等影响人体健康的各类物质的允许限量，食品添加剂、营养强化剂使用标准，对预包装食品标签的食品安全、营养有关的要求，以及食品接触材料及制品用添加剂使用标准。通用标准涉及各个食品类别，覆盖各类食品安全健康危害因素，对具有一般性和普遍性的食品安全危害和控制措施进行了规定。因涉及的食品类别多、范围广，标准的通用性强，故构成了标准体系的网底。

（一）GB 29921—2021《食品安全国家标准 预包装食品中致病菌限量》

GB 29921标准规定了预包装食品中致病菌指标及其限量要求和检验方法。按照分级采样方案对食品中的致病菌进行了限量规定，对乳制品、肉制品、水产制品、即食蛋制品、粮食制品、即食豆类制品、巧克力类及可可制品、即食果蔬制品、饮料、冷冻饮品、即食调味品、坚果籽实类制品、特殊膳食用食品共13个大类食品分别制定了沙门氏菌、单核细胞增生李斯特氏菌、致泻大肠埃希氏菌、金黄色葡萄球菌、副溶血性弧菌、克罗诺杆菌属（阪崎肠杆菌）等6种致病菌的限量规定。

（二）GB 2761—2017《食品安全国家标准 食品中真菌毒素限量》

GB 2761标准规定了食品中黄曲霉毒素 B1、黄曲霉毒素 M1、脱氧雪腐镰刀菌烯醇、展青霉素、赭曲霉毒素 A 及玉米赤霉烯酮等6种真菌毒素在水果及其制品、谷物及其制品、豆类及其制品、坚果及籽类、乳及乳制品、油脂及其制品、调味品、饮料类、酒类、特殊膳食用食品等10大类食品的限量。

（三）GB 2762—2017《食品安全国家标准 食品中污染物限量》

GB2762标准规定了铅、镉、汞、砷、锡、镍、铬、亚硝酸盐、硝酸盐、苯并[a]芘、N-二甲基亚硝胺、多氯联苯、3-氯-1，2-丙二醇等12种污染物在谷物、水果、蔬菜、食用菌、豆类、藻类、坚果、肉类、水产品、乳类、油脂、调味品、饮料、酒类、烘烤食品等22大类食品的限量。

（四）GB 2763—2021《食品安全国家标准 食品中农药最大残留限量》

2021版GB 2763规定了2，4-滴等564种农药在376种（类）食品中10092项残留限量标准。不同产品不同限量总数如下：谷物（1415项）、油料和油脂（758项）、蔬菜（3226项）、干制蔬菜（55项）、水果（2468项）、干制水果（152项）、坚果（148项）、糖料（180项）、饮料类（196项）、食用菌（70项）、调味料（360项）、药用植物（161项）、动物源食品（903项）。全面覆盖了我国批准使用的农药品种和主要植物源性农产品，农药品种和限量标准数量达到国际食品法典委员会（CAC）相关标准的近2倍，标志着我国农药残留标准制定工作迈上新台阶。

（五）兽药残留限量标准

GB 31650—2019 食品安全国家标准规定了食品中兽药最大残留限量。GB 31650—2019标准于2020年4月1日替代农业部公告第235号《动物性食品中兽药最高残留限量》相关部分。标准规定了动物性食品中阿苯达唑等104种（类）兽药的最大残留限量；规定了醋酸等154种允许用于食品动物，但不需要制定残留限量的兽药；规定了氯丙嗪等9种允许作治疗用，但不得在动物性食品中检出的兽药。本标准适用于与最大残留限量相关的动物性食品，主要技术内容包括了以下3个方面内容。

（1）已批准动物性食品中最大残留限量规定的兽药。

（2）允许用于食品动物，但不需要制定残留限量的兽药。

（3）允许作治疗用，但不得在动物性食品中检出的兽药。

（六）GB 2760—2014《食品安全国家标准 食品添加剂使用标准》

GB 2760标准主要规定了我国食品添加剂的定义和范畴，食品添加剂的使用原则，允许使用的食品添加剂品种及其使用范围、使用量，以及食品添加剂使用范围界定的食品分类系统等内容。

（七）GB 14880—2012《食品安全国家标准 食品营养强化剂使用标准》

GB 14880标准主要规定了我国食品营养强化的定义、营养强化的主要目的、使用营养强化剂的要求、可强化食品类别的选择要求、营养强化剂的使用规定，以及食品类别（名称）说明等内容。

（八）标签标准

在食品安全标准体系中有GB 7718—2011《食品安全国家标准 预包装食品标签通则》、GB 28050—2011《食品安全国家标准 预包装食品营养标签通则》、GB 13432—2013《食品安全国家标准 预包装特殊膳食用食品标签》及GB 29924—2013《食品安全国家标准 食品添加剂标识通则》等标签标准。如GB 7718标准，对食品标签上食品名称、配料表、净含量、生产者信息、贮存条件和日期标示等应标示的信息进行了规定，使食品标签能充分、科学、合理展示食品综合信息，保障消费者健康。

（九）食品接触材料标准

我国食品接触材料标准体系的通用标准包括GB 4806.1—2016《食品安全国家标准 食品接触材料及制品通用安全要求》和GB 9685—2016《食品安全国家标准 食品接触材料及制品用添加剂使用标准》。GB 9685规定了食品接触材料及制品用添加剂的使用原则、允许使用的添加剂品种、使用范围、最大使用量、特定迁移限量或最大残留量、特定迁移总量限量及其他限制性要求。GB 4806.1规定了食品接触材料的术语定义、基本要求、限量要求、符合性原则、检验方法、可追溯性和产品信息等内容。

二、产品标准

产品标准分为食品原料及产品、营养与特殊膳食类食品、食品添加剂、食品相关产品四大类标准。产品标准是对相应产品的范围、食品安全通用标准未规定的特定危害因素以及与食品安全有关的质量指标进行规定。

(一) 食品产品标准

食品原料及产品标准是根据某一类或某种食品不同的特性和主要危害制定的各类食品产品特定的与食品安全密切相关的各类指标要求，食品原料及产品标准除了引用相关通用标准外，一般包括：适用范围、标准有关术语和定义、原料要求、感官要求、通用标准未涵盖的安全指标、与食品安全有关的质量指标、指示菌指标、检验方法、与食品安全有关的标签标识等特别要求。

我国拟形成的国家食品产品安全标准，包括谷物及其制品、乳与乳制品、蛋与蛋制品、肉与肉制品、水产品及其制品、蔬菜及其制品、食用油、油脂及其制品、饮料、酒类、豆与豆制品、食用淀粉及其制品、调味品和香辛料、坚果和籽类、罐头食品、焙烤食品、糖果和巧克力、蜂产品、茶叶、辐照食品、保健食品和其他食品等21类约80项标准。目前，整合修订完成并已发布的食品产品类国家食品安全标准共有64项。

食品原料及产品标准经清理、修订后，形成了以食品类别为主的框架结构，如：GB 7101—2015《食品安全国家标准 饮料》整合了原GB 27592—2003《碳酸饮料卫生标准》、GB 7101—2003《固体饮料卫生标准》、GB 11673—2003《含乳饮料卫生标准》、GB 16321—2003《乳酸菌饮料卫生标准、GB 16322—2003《植物蛋白饮料卫生标准》、GB 19296—2003《茶饮料卫生标准》、GB 19297—2003《果、蔬汁饮料卫生标准》、GB 19642—2005《可可粉固体饮料卫生标准》。

(二) 特殊膳食食品标准

按原食品卫生标准体系并无特殊膳食类食品的明确定义及框架体系。目前，在根据《食品安全法》的要求开展的标准清理及制修订工作后，我国已搭建了特殊膳食类食品标准体系框架结构，主要包括婴幼儿配方食品、婴幼儿辅助食品、孕妇及乳母营养补充食品、特殊医学用途配方食品以及其他特殊膳食食品等类别。每一种类别又根据使用人群的不同分别制定产品标准。每种产品标准规定了使用范围、术语和定义、技术要求、标签标识、包装等内容。

目前，已发布的特殊膳食类食品标准有GB 10765—2010《食品安全国家标准 婴儿配方食品》、GB 10767—2010《食品安全国家标准 较大婴儿和幼儿配方食品》、GB 10769—2010《食品安全国家标准 婴幼儿谷类辅助食品》、GB 10770—2010《食品安全国家标准 婴幼儿罐装辅助食品》、GB 25596—2010《食品安全国家标准 特殊医学用途婴儿配方食品通则》、GB 29922—2013《食品安全国家标准 特殊医学用途配方食品通则》、GB 22570—2014《食品安全国家标准 辅食营养补充品》、GB 24154—2015《食品安全国家标准 运动营养食品通则》、GB 31601—2015《食品安全国家标准 孕妇及乳母营养补充食品》等9项标准。

（三）食品添加剂质量规格及相关标准

食品添加剂质量规格标准是针对我国允许使用的食品添加剂品种需要达到的安全质量要求制定的相关标准。《食品安全法》颁布前，食品添加剂质量规格标准不属于食品卫生标准。目前，食品添加剂质量规格标准经清理、修订后，已纳入食品安全国家标准范畴。食品添加剂质量规格标准主要包括食品添加剂的生产工艺描述，食品添加剂的分子结构、分子式及相对分子质量等基本信息，食品添加剂应该达到的感官指标、理化指标、微生物指标等技术要求以及相应的检验方法和食品添加剂的鉴别等内容。

目前，已发布的食品添加剂质量规格及相关标准有GB 26687—2011《食品安全国家标准 复配食品添加剂通则》、GB 29938—2020《食品安全国家标准 食品用香料通则》、GB 30616—2020《食品安全国家标准 食品用香精》以及GB 1886.105—2016《食品安全国家标准 食品添加剂 辣椒橙》等各单种食品添加剂产质量规格标准共586项，各种食品营养强化剂质量规格标准29项。

（四）食品相关产品

我国食品相关产品安全标准主要是两类。一类是食品接触材料及制品标准，即一系列食品容器、包装材料、食品用具等食品接触材料成形品和树脂的安全标准，包括食品接触用塑料材料及制品、食品接触用塑料树脂、食品接触用纸和纸板材料及制品、食品接触用橡胶材料及制品，和食品接触用不锈钢、搪瓷、玻璃制品。食品接触材料及制品标准的食品安全指标包括蒸发残渣、高锰酸钾消耗量、重金属、脱色试验以及各类产品特殊的食品安全要求。另一类为消毒餐（饮）具、洗涤剂等标准。

目前，已发布的食品相关产品标准有GB 14930.1—2015《食品安全国家标准 洗涤剂》、GB 14930.2—2012《食品安全国家标准 消毒剂》、GB 14934—2016《食品安全国家标准 消毒餐（饮）具》以及GB 4806.2—2015《食品安全国家标准 奶嘴》等各类食品接触用具、包装材料标准13项。

三、生产经营规范标准

规范类食品安全标准是对食品生产经营过程的卫生要求的规定，主要包括企业的设计与设施的卫生要求、机构与人员要求、卫生管理要求、生产过程管理以及产品的追溯和召回等要求。

规范类标准分为通用规范、产品专项规范和危害因素控制指南。通用规范分别涉及食品、食品添加剂及食品相关产品等三类不同类型的产品。食品通用规范又针对食品生产、经营、餐饮服务等不同业态，强调相同业态下所有类别食品的通用性，分别制定食品生产、经营、餐饮服务卫生规范。各类专项规范是基于通用卫生规范要求作出的某一类别食品生产经营卫生规范。危害因素控制指南则是对某一类食品生产经营过程中常见的污染因素的控制措施做出的规定。《食品安全法》颁布前，食品安全（原卫生）规范类标准体系并无危害因素控制指南内容，新制定的规范类食品安全标准与CAC接轨，强化食品生产经营过程管理，制定了危害因素控制指南，我国目前制定的危害因素控制指南内容涵盖在通用规范及产品专项规范中。如：GB 14881—2013《食品安全国家标准 食品生产通用卫生规范》中附录A的《食品加工过程的微生物监控程序指南》，GB 23790—2010《食品安全国家标准 粉状婴幼儿配方食品良好生产规范》中附录A的《粉状婴幼儿配方食品清洁作业区沙门氏菌、阪崎肠杆菌和其他肠杆菌的环境监控指南》。

目前，已发布的通用规范类标准为：适用生产企业的GB 14881—2013《食品安全国家标准 食品生产通用卫生规范》、适用流通企业的GB 31621—2014《食品安全国家标准 食品生产经营规范标准》，以及适用食品相关产品生产企业的GB 31603—2015《食品安全国家标准 食品接触材料及制品生产通用卫生规范》等3项标准。适用于各类食品生产企业的专项规范有GB 8950—2016《食品安全国家标准 罐头食品生产卫生》等22项。

四、检验方法与规程

食品检验方法与规程是我国食品安全标准的组成部分，纳入强制性标准范畴。食品检验方法与规程体系包括理化、微生物、毒理学、寄生虫及放射性物质等检测方法。目前主要是以GB 5009 "食品理化检验部分"、GB 4789 "食品微生物学检验部分"、GB 23200 "食品中农药残留检测方法部分"、GB 29681—GB 29709 "兽药残留检测方法部分"、GB31604 "食品接触材料及制品检测方法部分"、GB 5413 "婴幼儿食品和乳品检测方法部分"、GB 14883 "食品中放射性物质检测方法部分" 及GB 15193 "食品安全毒理学评价程序" 等食品安全检测方法标准组成。GB 5009、GB 4789、GB 23200、GB31604、GB 5413、GB 14883及GB 29681—GB 29709系列标准主要与通用标准、产品标准的各项指标相配套。其中，GB 5009系列标准涉及各类食品的一般成分、金属污染物与微量元素、食品添加剂、真菌毒素、维生素、食品包装材料、保健食品功效成分、有机污染物等分析方法，GB 4789系列标准包含了各类食品中指标菌、致病菌等的检验方法，GB 15193系列标准涉及毒理学评价程序、毒理学试验方法等内容。

检验方法标准按照涉及的内容划分，可以分为基础类方法标准和检验类方法标准。基础类方法标准主要是指食品分析术语、检验取样、方法总则要求等一系列规范性方法标准。检验类方法是指某种或多种成分的检测方法和不同类型产品的检验方法。检验方法标准一般规定各项检测指标检验所使用的方法及其基本原理、仪器和设备以及相应的规格要求、操作步骤、结果判定和报告内容等。

目前，已发布的理化检验方法标准有 GB 5009.2—2016《食品安全国家标准 食品相对密度的测定》等各理化指标检测方法标准 227 项。微生物检验方法标准有 GB 4789.1—2016《食品安全国家标准 食品微生物学检验 总则》以及包括 GB 4789.2—2016《食品安全国家标准 食品微生物学检验 菌落总数测定》在内的各种微生物指标检测方法标准共计 30 项。毒理学检验方法与规程标准有 GB 15193.1—2014《食品安全国家标准 食品安全性毒理学评价程序》、GB 15193.2—2014《食品安全国家标准 食品毒理学实验室操作规范》以及包括 GB 15193.3—2014《食品安全国家标准 急性经口毒性试验》在内的各项毒理学检验方法共计 26 项。农药残留检测方法标准有 GB 23200.1—2016《食品安全国家标准 除草剂残留量检测方法 第 1 部分：气相色谱–质谱法测定 粮谷及油籽中酰胺类除草剂残留量》等各项农药指标检测标准共 106 项。兽药残留检测方法标准有 GB 29681《食品安全国家标准 牛奶中左旋咪唑残留量的测定 高效液相色谱法》等 29 项。

第三节　食品安全标准制（修）订原则和依据

一、食品安全标准制定原则

（一）安全可靠

制定食品安全标准的宗旨是保障公众身体健康。国际食品法典委员会指出，在全球范围内制定和实施食品标准的宗旨首先是保护消费者健康。《食品安全法》第二十四条也规定，制定食品安全标准，应当以保障公众身体健康为宗旨，做到科学合理、安全可靠。食品应当以不会对人体健康造成损害为底线，在此基础上才能追求色、香、味和相关功能。当保护健康与经济发展相冲突时，应进行综合的评估后在不降低健康水平的基础上促进经济发展。因此，食品安全标准应是基于预防食源性疾病为根本目的，对食品中各种危害人体健康因素进行控制的技术法规，符合食品安全标准的食品对人体不会有健康危害。

（二）科学合理

标准的科学性主要是体现在食品安全标准的制定应建立在风险评估的基础上，即食品安全标准要做到科学，应以科学的监测评估为基础。标准的合理性则体现在标准的制定不能脱离实际盲目追求严格。为保障食物的供给，需要符合我国的国情，即考虑我国食品工、农业的发展水平，考虑经济的承受能力，兼顾社会发展和产业现状，将健康的风险控制在可接受的水平之内。2013年12月中央农村工作会议强调，"用最严谨的标准、最严格的监管、最严厉的处罚、最严肃的问责，确保广大人民群众'舌尖上的安全'"，这里对食品安全标准强调的是"最严谨"并非"最严格"，"最严谨"的具体体现应该是《食品安全法》规定的"科学合理、安全可靠"。

（三）公开透明

食品安全标准在制修订过程中应始终贯彻公开透明的原则。在标准制定的各个环节，充分吸纳有关部门参与，广泛听取技术机构、社会团体、行业协会、食品生产经营者和社会公众的意见建议。例如：鼓励跨部门、跨领域的专家和团队组成标准协作组参与标准制定、跟踪评价和宣传培训等工作，将食品安全标准草案向社会公布，听取食品生产经营者、消费者、有关部门等方面的意见等。

二、食品安全标准制定依据

食品安全标准是保障食品安全的重要技术法规，是实施食品安全管理的技术依据。食品安全标准必须是以科学性为基础，以食品安全风险评估结果为依据制定的。SPS协定明确要求，WTO各成员制定的包括食品安全标准在内的卫生与植物卫生措施都应以风险分析为基础。同时，SPS协定进一步明确要求，对食品、饮料和饲料中存在的添加剂、污染物、毒素或致病菌对人体和动物的健康可能造成的不良作用进行评估。《食品安全法》第二十一条规定，"食品安全风险评估结果是制定、修订食品安全标准和实施食品安全监督管理的科学依据"。《食品安全法》第二十八条进一步明确规定，"制定食品安全国家标准，应当依据食品安全风险评估结果并充分考虑食用农产品风险评估结果，参照相关的国际标准和国际食品安全风险评估结果，并将食品安全国家标准草案向社会公布，广泛听取食品生产经营者、消费者、有关部门等各方面的意见"。因此，风险评估结果在制（修）订食品安全标准中起着非常重要的作用，通过科学的风险评估确定食品中有害物含量的安全水平，并在正常生产操作规范能达到的情况下，限量值从严设置，以引导行业采取卫生、安全的生产控制措施。

三、风险分析的有关概念

（一）危害及风险

危害是指食品中可能会产生不良健康影响的生物性、化学性或物理性因素，包括有意加入的或人为污染的或者在自然界中天然存在的。主要涉及致病菌、重金属、天然毒素、农药残留、兽药残留、食品添加剂、包装材料迁移的化学物等有害因素。

风险是指各种危害产生不良健康作用的可能性及其强度大小。危害无处不在，食品安全工作的任务不是消除危害，而是将危害的风险控制在"可接受水平"。

（二）风险分析

CAC确定了针对食品法典框架内应用风险分析的工作原则，明确风险分析框架由风险评估（risk assessment）、风险管理（risk management）和风险交流（risk communication）3个部分组成，是目前国际公认的控制食品中化学性、物理性和生物性危害和突发事件应该遵循的框架原则，见图5-2。

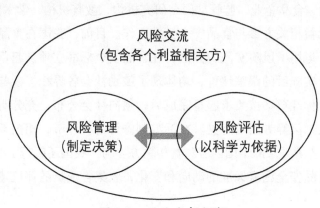

图 5-2　风险分析框架

（三）风险评估

食品安全风险评估是指食品、食品添加剂、食品相关产品中各种危害（生物性、化学性和物理性）对人体健康产生的已知或潜在未知的不良作用的可能性及其严重程度进行的科学评价程序。食品安全风险评估是世贸组织解决国际食品贸易争端、国际食品法典委员会和各国政府制定食品安全标准以及食品安全管理措施的必要技术手段。在风险分析框架中风险评估是其科学核心，是风险管理和风险交流的基础。风险评估是科学家独立完成的纯科学技术过程，不受其他因素影响。风险评估的目的是获得各种危害对健康不良作用的性质及最大安全暴露量，评估结果适用于全世界各国。

（四）风险管理

风险管理是根据专家风险评估的结果，权衡可接受的、减少的或降低的风险并选择和实施适当措施的管理过程，包括制定和实施法律、法规、标准和监督管理措施。风险管理的首要目标是通过选择和实施适当的措施，尽可能有效的控制食品风险，从而保障公众健康。因此，风险管理措施的制定，既要依据风险评估的结果，同时也要考虑社会、经济等方面的有关因素，对各种管理措施方案进行权衡、选择，然后实施。制定食品安全标准就是政府常用的风险管理措施，尽管各国在制定食品安全标准时所依据的风险评估结果（安全摄入量）是一致的，而各国食品安全标准的内容有时是不一致的。

（五）风险交流

食品安全风险交流是将科学的食品安全信息在政府、学术研究机构、食品行业、媒体以及消费者之间进行相互交流。在风险分析过程的不同阶段，开展风险交流活动，解释风险评估结果和风险管理决定，可促使利益相关者积极参与，确保利益相关者充分了解严格而透明的风险分析过程，并促进公众高度地信赖监管体系。

食品安全标准的主要使用者是食品生产经营者和监管部门，同时又与社会各界的利益息息相关。因此，食品企业、监管部门、研究机构、教育机构、学术团体、行业协会、消费者都应当作利益相关方参与食品安全标准工作。目前，我国在食品安全国家标准的制修订过程中就是运用了风险交流的方法，在食品安全标准立项、起草、征求意见、审查、发布、宣传及实施后的跟踪评价，均体现了鼓励社会各界积极参与，遵守公开透明的原则。食品安全标准草案按要求起草完成后，须向社会公布，充分听取食品生产经营者、消费者、有关部门等方面的意见。在标准制修订的各环节，相关部门通过信息化平台适时收集社会各界意见。除了国内各利益相关方参与，我国还履行了WTO成员的责任，向其他成员通报食品安全国家标准的动向和变化，收集各成员的评议建议并适时接受科学合理的意见。

四、依据风险评估结果制定食品安全标准

（一）风险评估的步骤

风险评估由循序渐进的4个步骤组成，即危害识别（hazard identification），危害特征描述（hazard characterization），暴露评估（exposure assessment）和风险特征描述（risk characterization），见图5-3。

1.危害识别

危害识别是指通过临床和流行病学研究、动物试验、体外试验、结构-反应关系的研究，确定人体摄入某种或某一类食品中存在的可能危害人体健康的生物、化学或物理的因素后的潜在不良作用。即确定某物质对健康有什么危害，是否存在急性毒性、亚慢性和慢性毒性、遗传毒性（基因突变，染色体损伤等）、致癌性、致畸性、繁殖毒性、神经毒性、免疫毒性、内分泌干扰毒性等危害。危害识别的结果是"国际通用"的，可以查阅相关资料获得。

2.危害特征描述

危害特征描述是指"对于化学危害，或数据充分的生物、物理危害进行计量反应关系的评价，主要是对危害识别阶段识别的危害进行定量的评价，提出健康指导值"。通俗地说，就是确定每天吃多少是安全的。健康指导值是一个推导值，指人类在一定时期内（终生或24小时）摄入某种（或某些）物质，而不产生可检测到的对健康产生危害的量。健康指导值有如下几种。

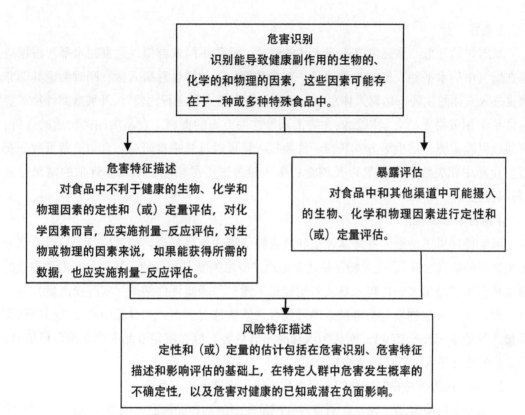

图 5-3 国际食品法典对风险评估组成要素的一般描述

ADI（acceptable daily intake，每日允许摄入量）指人类每日摄入某物质直至终生，而不产生可检测到的对健康产生危害的量。以人体每日每公斤体重可摄入的量表示，即 mg/（kg·bw）/d。对于食品添加剂、农药和兽药残留，制定 ADI 值。

TI（tolerable intake，耐受摄入量）对污染物应制定 TI 值。TI 值有两种情况，一种是 PTWI（provisional tolerated weekly intake，暂定每周耐受摄入量）以及 PTMI（provisional tolerated monthly intake，暂定每月耐受摄入量），分别以人体每周或每月每公斤体重可耐受摄入的量表示，即 mg/（kg·bw）/w 及 mg/（kg·bw）/m 表示。主要针对蓄积性污染物如：铅、镉、汞。另一种是 PTDI（provisional tolerated daily intake，暂定每日耐受摄入量），以人体每天每公斤体重可耐受摄入的量表示，即 mg/（kg·bw）/d，针对非蓄积性污染物，如砷。

UL（tolerable upper intake levels，可耐受最高摄入量）UL 为平均每日可以摄入某营养素的最高限量。主要针对营养素的摄入量评估。

健康指导值是通过毒理学研究获得的，也是"国际一致"的。故对某些已由国际权威机构确定的健康指导值，即可通过查阅资料获得。例如，FAO/WHO 联合食品添加剂专家委员会（JECFA）提出的食品添加剂的每人每天每公斤体重允许摄入量（ADI），适用于全世界不同地区、种族、性别、年龄的个体。

3.暴露评估

暴露评估是指"描述危害进入人体的途径，估算不同人群摄入危害的水平。根据危害在膳食中的水平和人群膳食消费量，初步估算危害的膳食总摄入量，同时考虑其他非膳食进入人体的途径，估算人体总摄入量并与安全摄入量进行比较"。开展暴露评估需要有食品中相关物质的含量以及该食物摄入量这两方面的资料。食品中相关物质的含量，可通过风险监测、抽检等方式获得。食物摄入量可通过总膳食研究、食物消费量数据获得。食品中相关物质的含量以及该食物摄入量各国不尽相同，故暴露评估的结果也具"各国特色"。

4.风险特征描述

风险特征描述是指"将暴露评估和危害特征描述信息整合，描述风险，给风险管理提出有用的恰当建议"。风险特征描述是通过"专家判断"获得的。通过对有毒性物质的危害特征描述结果（容许摄入量或可耐受摄入量）与暴露评估结果（实际摄入量）的比较，确定该有毒性物质对损害健康的可能性及严重性有多大。如食品中有毒性物质的实际摄入量低于ADI或PTWI，则认为该食品不具危害。故在制定食品安全标准限量值时，限量值的估计摄入量应低于健康指导值。

【示例】风险评估在制定含铝食品添加剂使用标准中的应用

食品安全风险监测发现，在消费者食用量较多的油炸面制品（油条、油饼）、馒头等使用含铝添加剂的食品中，铝的总超标率高达40%以上。针对风险监测发现的问题，提出了中国食品中的铝是否会对国民造成健康损害及含铝食品添加剂的使用标准是否需要修订的疑问。为此，国家食品安全风险评估专家委员会和食品安全风险评估中心组织开展了中国居民膳食铝暴露风险评估工作，目的是明确中国居民通过膳食摄入多少铝，是否超过了健康指导值，评估膳食铝对健康构成的风险有多大。

联合国粮农组织和世界卫生组织食品添加剂联合专家委员会（JECFA）给出的铝的健康指导值即铝的暂定每周耐受摄入量（PTWI）为 2 mg/kg bw（2011年）。根据国家食品安全风险评估专家委员会《中国居民膳食暴露铝风险评估报告》，2011年我国居民膳食铝暴露评估结果显示，全国14岁以下的儿童及北方地区的人群铝平均摄入量均超过铝的健康指导值（2 mg/kg bw），全国人群超过该摄入量的比例约为32.5%。因此，从暴露评估发现铝的健康风险值得关注。其中，馒头、油条和面条等面制品是中国成人食物铝摄入的主要来源。学龄儿童从膨化食品摄入的铝相对较多。

第四节 食品安全标准的编写要求

一、食品安全国家标准的基本结构和编写要求

（一）食品安全国家标准的基本结构

包括封面、正文两部分，可以根据情况选择使用前言、附录等。标准应简明扼要，通俗易懂，不产生歧义。

1.封面

封面主要包括以下几部分内容。

（1）封面包括标准编号、标准名称、发布日期、实施日期和发布部门。

（2）标准名称应简练、明确表示标准的主题，使之与其他标准相区分。

（3）发布日期为标准签署发布的日期。

实施日期为标准开始实施的日期。

2.前言

前言包括参考国际标准情况和与国际标准的关系、标准的替代情况和指标的变化情况等内容。

3.正文

正文包括标准名称、范围、技术要求等，根据需要选择使用术语和定义。

正文主要内容要求如下。

（1）标准名称：标准名称应与封面一致。

（2）范围：范围应简洁，并明确标准的适用对象，也可以指出标准的不适用对象。若包含一种以上适用类别时应清楚说明。

（3）术语和定义：术语和定义应定义标准中所使用且属于标准范围所覆盖的概念，以及有助于理解这些定义的附加概念。

（4）技术要求：技术要求是以保护消费者健康为目标所设定的项目、指标以及其他要求，技术要求可以根据需要选择。

①基础标准：包括致病微生物、农药残留、兽药残留、污染物、真菌毒素、食品添加剂、食品相关产品等的限量规定，以及标签标识等的规定。

②产品标准：指食品、食品添加剂、食品相关产品等标准。产品标准中的技术要求应引用通用标准中的规定，若有特殊情况可以在产品标准中制定危害因素、危害因素的限量、确定测定危害因素的检验方法以及其他必要的技术要求等。

③生产经营规范标准：生产经营规范标准的技术要求包括企业的设计与设施的卫生要求、机构与人员要求、卫生管理要求，生产过程管理、品质管理、产品标识、产品的

追溯和召回以及文件的管理要求等。

④检验方法标准：检验方法标准的技术要求包括基本原理、方法的特性、所使用的试剂和材料、仪器和设备，以及相应的规格要求、操作步骤、结果判定等。

⑤附录：有助于理解或使用标准的附加信息应在附录中说明。

（二）食品安全国家标准的编写要求

食品安全国家标准的表述可以使用条文、图、表，辅以注、示例和脚注。

1.条文

标准中的要求应容易识别，包含要求的条款应与其他类型的条款相区分。表述不同类型的条款应使用不同的助动词。标准中应使用规范汉字。标准中使用的标点符号应符合相关规定。

（1）条文的注和示例：条文的注和示例的性质为资料性。在注和示例中应只给出有助于理解或使用标准的附加信息，不应包含要求或对于标准的应用是必不可少的任何信息。

注和示例宜置于所涉及的章、条或段的下方。

章或条中只有一个注，应在注的第一行文字前标明"注："。同一章（不分条）或条中有几个注，应标明"注1:""注2:""注3:"等。

章或条中只有一个示例，应在示例的具体内容之前标明"示例："。同一章（不分条）或条中有几个示例，应标明"示例1""示例2""示例3"等。

（2）条文的脚注：条文脚注的性质为资料性，应尽量少用。条文的脚注用于提供附加信息，不应包含要求或对于标准的应用是必不可少的任何信息。条文的脚注应置于相关页面的下边。脚注和条文之间用一条细实线分开。细实线长度为版心宽度的四分之一，置于页面左侧。

通常应使用阿拉伯数字（后带半圆括号）从1开始对条文的脚注进行编号，条文的脚注编号从"前言"开始全文连续，即1）、2）、3）等。在条文中需注释的词或句子之后应使用与脚注编号相同的上标数字$^{1)}$、$^{2)}$、$^{3)}$等标明脚注。

某些情况下，例如为了避免和上标数字混淆，可用一个或多个星号，即*、**、***代替条文脚注的数字编号。

2.图

如果用图提供信息更有利于标准的理解，则宜使用图。每幅图在条文中均应明确提及。

（1）图的要求：应采用绘制形式的图，只有在确需连续色调的图片时，才可使用照片。应提供准确的计算机制作的制版用图。

（2）图的编号：每幅图均应有编号。图的编号由"图"和从1开始的阿拉伯数字组成，例如"图1""图2"等。只有一幅图时，仍应给出编号"图1"。图的编号从引言开始一直连续到附录之前，并与章、条和表的编号无关。

（3）图题：每幅图应有图题，即图的名称。

（4）字母和单位：一般情况下，字母符号的使用应符合国家相关规定。必要时，使用下标以区分特定符号的不同用途。

如果所有量的单位均相同，宜在图的右上方用一句适当的陈述（例如"单位为毫米"）表示。

（5）分图和续图：只准许对图作一个层次的细分。分图应使用字母编号（后带半圆括号的小写拉丁字母），例如：图1可包含分图a)、b)、c)等；不应使用其他形式的编号，例如：1.1、1.2……1-1、1-2……

如果每个分图中均包含了各自的说明、图注或图的脚注，则不应作为分图处理，而应作为单独编号的图。

当分图对理解标准的内容必不可少时，才可使用。

【示例1】

关于单位的陈述

图a）分图题　　图b）分图题

1—说明的内容

2—说明的内容

段（可包含要求）

注：图注的内容

a图的脚注的内容

图X　图题

如果某幅图需要转页接排，在随后接排该图的各页上应重复图的编号、图题（可选）和"（续）"，如下所示：

图X（续）图题

续图均应重复关于单位的陈述。

（6）图注：图注应区别于条文的注。图注应置于图题之上，图的脚注之前。图中只有一个注时，应在注的第一行文字前标明"注:"；图中有多个注时，应标明"注1:""注2:""注3:"等。每幅图的图注应单独编号。

图注不应包含要求或对于标准的应用是必不可少的任何信息。关于图的内容的任何要求应在条文、图的脚注或图和图题之间的段中给出。

（7）图的脚注：图的脚注应区别于条文的脚注。图的脚注应置于图题之上，并紧跟图注。应使用上标形式的小写拉丁字母从"a"开始对图的脚注进行编号，即[a]、[b]、[c]等。

在图中需注释的位置应以相同上标形式的小写拉丁字母标明图的脚注。每幅图的脚注应单独编号。

图的脚注可包含要求。因此，起草图的脚注的内容时，应使用适当的助动词，以明确区分不同类型的条款。

3.表

如果用表提供信息更有利于标准的理解，则宜使用表。每个表在条文中均应明确提及。

不准许表中有表，也不准许将表再分为次级表。

（1）表的编号：每个表均应有编号。表的编号由"表"和从1开始的阿拉伯数字组成，例如"表1""表2"等。只有一个表时，仍应给出编号"表1"。表的编号从引言开始一直连续到附录之前，并与章、条和图的编号无关。

（2）表题与表头：表题即表的名称。每个表应有表题。

【示例2】

表X　表题

XXX	XXX	XXX	XXX

每个表应有表头。表栏中使用的单位一般应置于相应栏的表头中量的名称之下（见示例3）。

【示例3】

类型	升温速率℃/min	温度℃	持续时间min

适用时，表头中可用量和单位的符号表示（见示例4）。需要时，可在提及表的陈述中或在表注中对相应的符号予以解释。

【示例4】

类型	A/（kg/m）	d/mm	D/mm

表头中不准许使用斜线，见示例5。正确表头的形式见示例6。

【示例5】

类型	A	B	C

【示例6】

尺寸	类型		
	A	B	C

（3）表中的单位：如果表中所有单位均相同，宜在表的右上方用一句适当的陈述（例如"单位为毫米"）代替各栏中的单位（见示例7）。

【示例7】

单位为毫米

类型	长度	内圆直径	外圆直径

（4）表的接排：如果某个表需要转页接排，则随后接排该表的各页上应重复表的编号、表题（可选）和"（续）"，如下所示：

表X（续）表题

续表均应重复表头和关于单位的陈述。

（5）表注：表注应区别于条文的注。表注应置于表中，并位于表的脚注之前。表中只有一个注时，应在注的第一行文字前标明"注:"；表中有多个注时，应标明"注1:""注2:""注3:"等。每个表的表注应单独编号。

【示例8】

单位为毫米

类型	长度	内圆直径	外圆直径
		$d\backslash$	
	，2	$d_2^{b,c}$	

段（可包含要求）

注1: XXXXXXXXXX。

注2: XXXXXXXXXX。

[a]XXXXXXXXXX。

[b]XXXXXXXXXX。

表注不应包含要求或对于标准的应用是必不可少的任何信息。关于表的内容的任何要求应在条文、表的脚注或表内的段中给出。

（6）表的脚注：表的脚注应区别于条文的脚注。表的脚注应置于表中，并紧跟表注。应用上标形式的小写拉丁字母从"a"开始对表的脚注进行编号，即 [a]、[b]、[c] 等。在表中需注释的位置应以相同的上标形式的小写拉丁字母标明表的脚注。每个表的脚注应单独编号。

表的脚注可包含要求。因此，起草表的脚注的内容时，应使用适当的助动词，以明确区分不同类型的条款。

4.附录

每个附录均应在正文或前言的相关条文中明确提及。附录的顺序应按在条文（从前言算起）中提及它的先后次序编排。每个附录均应有编号。附录编号由"附录"和随后表明顺序的大写拉丁字母组成，字母从"A"开始，例如："附录A""附录B""附录C"等。只有一个附录时，仍应给出编号"附录A"，下方是附录标题。

每个附录中章、图、表和数学公式的编号均应重新从1开始，编号前应加上附录编号中表明顺序的大写字母，字母后跟下脚点。例如：附录A中的章用"A.1""A.2""A.3"等表示；图用"图A.1""图A.2""图A.3"等表示。

5.其他规则

（1）引用。

①提及标准本身的内容。

标准条文中将标准本身作为一个整体提及时，应使用"本标准……"的表述形式。提及标准本身的具体内容时，应使用诸如下列表述方式：

- "按第3章的要求"；
- "符合3.1.1给出的细节，
- "按3.1b）的规定"；
- "按B.2给出的要求"；
- "符合附录C的规定"；
- "见公式（3）"；
- "符合表2的尺寸系列"。

资料性提及标准中的具体内容，以及提及标准中的资料性内容时，应使用下列资料性的提及方式：

- "相关信息参见附录B"；
- "参见表2的注"；
- "参见6.6.3的示例2"。

②引用其他文件。

原则上，被引用的文件应是国家法律、法规或国家标准。

不注日期引用是指引用文件的最新版本（包括修改单），具体表述时不应提及年号或版本号。

引用完整的文件（包括标准的某个部分），或者不提及被引用文件中的具体章或条、附录、图或表的编号时，根据引用某文件的目的，在可接受该文件将来的所有改变时，才可不注日期引用文件。

不注日期引用时，使用下列表述方式：

"……按GB XXXX规定的……"。

注日期引用是指引用指定的版本，用年号表示。凡引用了被引用文件中的具体章 或条、附录、图或表的编号，均应注日期。

对于注日期引用，如果随后被引用的文件有修改单或修订版，适用时，引用这些文件的标准可发布其本身的修改单，以便引用被引用文件的修改单或修订版的内容。注日期引用时，使用下列表述方式：

· "……GB XXXX—2005给出了相应的试验方法，……"（注日期引用其他 标准的特定部分）；

· "……遵守GB/T 5009.52第5章……"（注日期引用其他标准中具体的章）；

· "……应符合GB/T XXXX—2006表1中规定的……"（注日期引用其他标准的特定部分中具体的表）。

引用其他文件中的段或列项中无编号的项，使用下列表述方式：

· "……按 GB/T XXXX—2005，3.1中第二段的规定"；

· "……按GB/T XXXX—2003，4.2中列项的第二项规定"；

· "……按GB/T XXXX.1—2006，5.2中第二个列项的第三项规定"。

（2）全称、简称和缩略语。

标准中使用的组织机构的全称和简称（或外文缩写）应与这些组织机构所使用的全称和简称（或外文缩写）相同。

如果在标准中某个词语需要使用简称，则在条文中第一次出现该词语时，应在其后的圆括号中给出简称，以后则应使用该简称。

在标准的条文中第一次出现某缩略语时，应先给出完整的中文词语或术语，在其后的圆括号中给出缩略语，以后则使用该缩略语。

应慎重使用由拉丁字母组成的缩略语，只有在不引起混淆的情况下才使用。仅在标准中随后需要多次使用某缩略语时，才应规定该缩略语。

一般的原则为，缩略语由大写拉丁字母组成，每个字母后面没有下脚点（例如：DNA）。特殊情况下，来源于字词首字母的缩略语由小写拉丁字母组成，每个字母后有一个下脚点（例如：a., c.）。

（3）商品名。

应给出产品的科学名称或描述，而不应给出产品的商品名（品牌名）。特定产品的专用商品名（商标），即使是通常使用的，也应避免。

【示例9】应用"聚四氟乙烯（PTFE）"，而不用"特氟纶®"。

（4）数和数值的表示。

①为了清晰起见，数和（或）数值相乘应使用乘号"×"，而不使用圆点。

【示例10】写作1.8×10-3，不写作1.8·10-3。

②标准中数字的用法应符合GB/T 15835的规定。

（5）量、单位及其符号。

①量：注意区分物体和描写该物体的量，如"表面"和"面积"、"物体"和"质量"、"电阻器"和"电阻"、"线圈"和"电感"。除非属于相互可比较的同一类量，两个或更多的物理量不可能相加或相减。

例如：230 V±5%、（230±5%）V，这两种形式表述是不正确的。应用下述表示方法代替："（230±0.05）V""230 V，具有±5%的相对误差"。量的符号应为斜体。

②单位及其符号：表示量值时，应写出其单位。标准应只使用GB 3101、GB 3102各部分规定的法定计量单位。进一步的应用规则见GB 3100。

不将单位的符号和名称混在一起使用。例如：写作"千米每小时"或"km/h"，而不写作"每小时km"或"千米/小时"。

用阿拉伯数字表示的数值与单位符号结合，例如"5m"。避免诸如"五m"和"5米"之类的组合。

除用于平面角的上标单位符号外（如5°6′7″），数值和单位符号之间应空格。不使用非标准化的缩略语表示单位。

不应通过增加下标或其他信息修改标准化的单位符号。不将信息与单位符号相混。例如：写作"含水量20 mL/kg"，而不写作"20 mL H_2O/kg"或"20 mL 水/kg"。

不应使用诸如"ppm""pphm""ppb"之类的缩略语。这些缩略语在不同的语种中含义不同，可能产生混淆。它们只代替数字，所以用数字表示则更清楚。例如：写作"质量分数为4.2μg/g"或"质量分数为4.2*10^{-6}"，而不写作"质量分数为4.2 ppm"。

物理量相除构成的量，其名称中不应包含"单位"一词。例如：写作"线质量"，而不写作"每单位长度质量"；写作"体积电荷"，而不写作"每单位体积电荷"。

单位符号应为正体。表示数值的符号与表示对应量的符号不应相同。

（6）数学公式。

①公式的类型：公式应以正确的数学形式表示，由字母符号表示的变量，应随公式对其含义进行解释。一项标准中同一符号应仅表示一个物理量。公式不应使用量的名称或描述量的术语表示。

②公式的表示：在条文中应避免使用多于一行的表示形式（见示例11）。

在公式中应尽可能避免使用多于一个层次的上标或下标符号（见示例12）。

【示例11】在条文中a/b优于$\frac{a}{b}$。

【示例12】D_{1max}优于$D1_{max}$。

③编号：如果为了便于引用，需要对标准中的公式进行编号，则应使用从1开始的带圆括号的阿拉伯数字。

【示例13】$x^2+y^2=z^2$　　　　（1）

公式的编号应从范围开始一直连续到附录之前，并与章、条、图和表的编号无关。附录中公式的编号应从1开始，编号前应加上附录编号中表明顺序的大写字母，字母后跟下脚点，如（A.1）、（A.2）。不准许对公式进行细分，如（2a）、（2b）等。

（7）尺寸和公差。

尺寸应以无歧义的方式表示（见示例14）。

【示例14】80 mm×25 mm×50 mm，不写作 80 ×25 ×50 mm 或（80 ×25 ×50）mm。

公差应以无歧义的方式表示，通常使用最大值、最小值，带有公差的中心值（见示例15）或量的范围（见示例16、示例17）表示。

【示例15】80μF+2 或（80±2）μF，不写作 80+2 μF。

【示例16】10 kPa~12 kPa，不写作 10~12 kPa。

【示例17】0℃ ~ 10℃，不写作 0 ~ 10℃。为了避免误解，百分数的公差应以正确的数学形式表示（见示例18、示例19）。

【示例18】用"63%~67%"表示范围。

【示例19】用"（65±2）%"表示带有公差的中心值，不应使用"65±2%"或"65%±2%"的形式。

平面角宜用单位度（°）表示。例如，写作17.25°不写作17°25′。

仅作为资料提及的值或尺寸应与作为要求的值或尺寸明确区分。

（8）重要提示：特殊情况下，如果需要给标准使用者一个涉及整个文件内容的提示，以便引起使用者注意，则可在标准名称之后，且在"范围"之前，以"警告"开头，用黑体字给出相关内容。

思考题

1.简述食品安全相关法律法规。

2.简述食品安全国家标准构成体系。

3.食品安全国家标准的编写原则包括哪些内容？

本章参考文献

陈君石.食品安全风险评估概述[J].中国食品卫生杂志，2011（1）：4-7.

任筑山，陈君石.中国的食品安全过去、现在与未来[M].北京：中国科学技术出版社，
　　2016.

食品安全国家标准审评委员会秘书处.食品安全国家标准常见问题解答[M].北京：中国
　　标准出版社，2016.

王竹天，王君.食品安全标准实施与应用[M].北京：中国质检出版社，2015.

附件1 中华人民共和国食品安全法

（2009年2月28日第十一届全国人民代表大会常务委员会第七次会议通过 2015年4月24日第十二届全国人民代表大会常务委员会第十四次会议第一次修订 根据2021年4月29日第十三届全国人民代表大会常务委员会第二十八次会议第二次修订）

第一章　总　则

第一条　为了保证食品安全，保障公众身体健康和生命安全，制定本法。

第二条　在中华人民共和国境内从事下列活动，应当遵守本法：

（一）食品生产和加工（以下称食品生产），食品销售和餐饮服务（以下称食品经营）；

（二）食品添加剂的生产经营；

（三）用于食品的包装材料、容器、洗涤剂、消毒剂和用于食品生产经营的工具、设备（以下称食品相关产品）的生产经营；

（四）食品生产经营者使用食品添加剂、食品相关产品；

（五）食品的贮存和运输；

（六）对食品、食品添加剂、食品相关产品的安全管理。

供食用的源于农业的初级产品（以下称食用农产品）的质量安全管理，遵守《中华人民共和国农产品质量安全法》的规定。但是，食用农产品的市场销售、有关质量安全标准的制定、有关安全信息的公布和本法对农业投入品作出规定的，应当遵守本法的规定。

第三条　食品安全工作实行预防为主、风险管理、全程控制、社会共治，建立科学、严格的监督管理制度。

第四条　食品生产经营者对其生产经营食品的安全负责。

食品生产经营者应当依照法律、法规和食品安全标准从事生产经营活动，保证食品安全，诚信自律，对社会和公众负责，接受社会监督，承担社会责任。

第五条　国务院设立食品安全委员会，其职责由国务院规定。

国务院食品安全监督管理部门依照本法和国务院规定的职责，对食品生产经营活动实施监督管理。

国务院卫生行政部门依照本法和国务院规定的职责，组织开展食品安全风险监测和风险评估，会同国务院食品安全监督管理部门制定并公布食品安全国家标准。

国务院其他有关部门依照本法和国务院规定的职责，承担有关食品安全工作。

第六条 县级以上地方人民政府对本行政区域的食品安全监督管理工作负责，统一领导、组织、协调本行政区域的食品安全监督管理工作以及食品安全突发事件应对工作，建立健全食品安全全程监督管理工作机制和信息共享机制。

县级以上地方人民政府依照本法和国务院的规定，确定本级食品安全监督管理、卫生行政部门和其他有关部门的职责。有关部门在各自职责范围内负责本行政区域的食品安全监督管理工作。

县级人民政府食品安全监督管理部门可以在乡镇或者特定区域设立派出机构。

第七条 县级以上地方人民政府实行食品安全监督管理责任制。上级人民政府负责对下一级人民政府的食品安全监督管理工作进行评议、考核。县级以上地方人民政府负责对本级食品安全监督管理部门和其他有关部门的食品安全监督管理工作进行评议、考核。

第八条 县级以上人民政府应当将食品安全工作纳入本级国民经济和社会发展规划，将食品安全工作经费列入本级政府财政预算，加强食品安全监督管理能力建设，为食品安全工作提供保障。

县级以上人民政府食品安全监督管理部门和其他有关部门应当加强沟通、密切配合，按照各自职责分工，依法行使职权，承担责任。

第九条 食品行业协会应当加强行业自律，按照章程建立健全行业规范和奖惩机制，提供食品安全信息、技术等服务，引导和督促食品生产经营者依法生产经营，推动行业诚信建设，宣传、普及食品安全知识。

消费者协会和其他消费者组织对违反本法规定，损害消费者合法权益的行为，依法进行社会监督。

第十条 各级人民政府应当加强食品安全的宣传教育，普及食品安全知识，鼓励社会组织、基层群众性自治组织、食品生产经营者开展食品安全法律、法规以及食品安全标准和知识的普及工作，倡导健康的饮食方式，增强消费者食品安全意识和自我保护能力。

新闻媒体应当开展食品安全法律、法规以及食品安全标准和知识的公益宣传，并对食品安全违法行为进行舆论监督。有关食品安全的宣传报道应当真实、公正。

第十一条 国家鼓励和支持开展与食品安全有关的基础研究、应用研究，鼓励和支持食品生产经营者为提高食品安全水平采用先进技术和先进管理规范。

国家对农药的使用实行严格的管理制度，加快淘汰剧毒、高毒、高残留农药，推动替代产品的研发和应用，鼓励使用高效低毒低残留农药。

第十二条　任何组织或者个人有权举报食品安全违法行为，依法向有关部门了解食品安全信息，对食品安全监督管理工作提出意见和建议。

第十三条　对在食品安全工作中做出突出贡献的单位和个人，按照国家有关规定给予表彰、奖励。

第二章　食品安全风险监测和评估

第十四条　国家建立食品安全风险监测制度，对食源性疾病、食品污染以及食品中的有害因素进行监测。

国务院卫生行政部门会同国务院食品安全监督管理等部门，制定、实施国家食品安全风险监测计划。

国务院食品安全监督管理部门和其他有关部门获知有关食品安全风险信息后，应当立即核实并向国务院卫生行政部门通报。对有关部门通报的食品安全风险信息以及医疗机构报告的食源性疾病等有关疾病信息，国务院卫生行政部门应当会同国务院有关部门分析研究，认为必要的，及时调整国家食品安全风险监测计划。

省、自治区、直辖市人民政府卫生行政部门会同同级食品安全监督管理等部门，根据国家食品安全风险监测计划，结合本行政区域的具体情况，制定、调整本行政区域的食品安全风险监测方案，报国务院卫生行政部门备案并实施。

第十五条　承担食品安全风险监测工作的技术机构应当根据食品安全风险监测计划和监测方案开展监测工作，保证监测数据真实、准确，并按照食品安全风险监测计划和监测方案的要求报送监测数据和分析结果。

食品安全风险监测工作人员有权进入相关食用农产品种植养殖、食品生产经营场所采集样品、收集相关数据。采集样品应当按照市场价格支付费用。

第十六条　食品安全风险监测结果表明可能存在食品安全隐患的，县级以上人民政府卫生行政部门应当及时将相关信息通报同级食品安全监督管理等部门，并报告本级人民政府和上级人民政府卫生行政部门。食品安全监督管理等部门应当组织开展进一步调查。

第十七条　国家建立食品安全风险评估制度，运用科学方法，根据食品安全风险监测信息、科学数据以及有关信息，对食品、食品添加剂、食品相关产品中生物性、化学性和物理性危害因素进行风险评估。

国务院卫生行政部门负责组织食品安全风险评估工作，成立由医学、农业、食品、营养、生物、环境等方面的专家组成的食品安全风险评估专家委员会进行食品安全风险评估。食品安全风险评估结果由国务院卫生行政部门公布。

对农药、肥料、兽药、饲料和饲料添加剂等的安全性评估，应当有食品安全风险评估专家委员会的专家参加。

食品安全风险评估不得向生产经营者收取费用，采集样品应当按照市场价格支付费用。

第十八条 有下列情形之一的，应当进行食品安全风险评估：

（一）通过食品安全风险监测或者接到举报发现食品、食品添加剂、食品相关产品可能存在安全隐患的；

（二）为制定或者修订食品安全国家标准提供科学依据需要进行风险评估的；

（三）为确定监督管理的重点领域、重点品种需要进行风险评估的；

（四）发现新的可能危害食品安全因素的；

（五）需要判断某一因素是否构成食品安全隐患的；

（六）国务院卫生行政部门认为需要进行风险评估的其他情形。

第十九条 国务院食品安全监督管理、农业行政等部门在监督管理工作中发现需要进行食品安全风险评估的，应当向国务院卫生行政部门提出食品安全风险评估的建议，并提供风险来源、相关检验数据和结论等信息、资料。属于本法第十八条规定情形的，国务院卫生行政部门应当及时进行食品安全风险评估，并向国务院有关部门通报评估结果。

第二十条 省级以上人民政府卫生行政、农业行政部门应当及时相互通报食品、食用农产品安全风险监测信息。

国务院卫生行政、农业行政部门应当及时相互通报食品、食用农产品安全风险评估结果等信息。

第二十一条 食品安全风险评估结果是制定、修订食品安全标准和实施食品安全监督管理的科学依据。

经食品安全风险评估，得出食品、食品添加剂、食品相关产品不安全结论的，国务院食品安全监督管理等部门应当依据各自职责立即向社会公告，告知消费者停止食用或者使用，并采取相应措施，确保该食品、食品添加剂、食品相关产品停止生产经营；需要制定、修订相关食品安全国家标准的，国务院卫生行政部门应当会同国务院食品安全监督管理部门立即制定、修订。

第二十二条 国务院食品安全监督管理部门应当会同国务院有关部门，根据食品安全风险评估结果、食品安全监督管理信息，对食品安全状况进行综合分析。对经综合分析表明可能具有较高程度安全风险的食品，国务院食品安全监督管理部门应当及时提出食品安全风险警示，并向社会公布。

第二十三条　县级以上人民政府食品安全监督管理部门和其他有关部门、食品安全风险评估专家委员会及其技术机构，应当按照科学、客观、及时、公开的原则，组织食品生产经营者、食品检验机构、认证机构、食品行业协会、消费者协会以及新闻媒体等，就食品安全风险评估信息和食品安全监督管理信息进行交流沟通。

第三章　食品安全标准

第二十四条　制定食品安全标准，应当以保障公众身体健康为宗旨，做到科学合理、安全可靠。

第二十五条　食品安全标准是强制执行的标准。除食品安全标准外，不得制定其他食品强制性标准。

第二十六条　食品安全标准应当包括下列内容：

（一）食品、食品添加剂、食品相关产品中的致病性微生物，农药残留、兽药残留、生物毒素、重金属等污染物质以及其他危害人体健康物质的限量规定；

（二）食品添加剂的品种、使用范围、用量；

（三）专供婴幼儿和其他特定人群的主辅食品的营养成分要求；

（四）对与卫生、营养等食品安全要求有关的标签、标志、说明书的要求；

（五）食品生产经营过程的卫生要求；

（六）与食品安全有关的质量要求；

（七）与食品安全有关的食品检验方法与规程；

（八）其他需要制定为食品安全标准的内容。

第二十七条　食品安全国家标准由国务院卫生行政部门会同国务院食品安全监督管理部门制定、公布，国务院标准化行政部门提供国家标准编号。

食品中农药残留、兽药残留的限量规定及其检验方法与规程由国务院卫生行政部门、国务院农业行政部门会同国务院食品安全监督管理部门制定。

屠宰畜、禽的检验规程由国务院农业行政部门会同国务院卫生行政部门制定。

第二十八条　制定食品安全国家标准，应当依据食品安全风险评估结果并充分考虑食用农产品安全风险评估结果，参照相关的国际标准和国际食品安全风险评估结果，并将食品安全国家标准草案向社会公布，广泛听取食品生产经营者、消费者、有关部门等方面的意见。

食品安全国家标准应当经国务院卫生行政部门组织的食品安全国家标准审评委员会审查通过。食品安全国家标准审评委员会由医学、农业、食品、营养、生物、环境等方面的专家以及国务院有关部门、食品行业协会、消费者协会的代表组成，对食品安全国家标准草案的科学性和实用性等进行审查。

第二十九条 对地方特色食品，没有食品安全国家标准的，省、自治区、直辖市人民政府卫生行政部门可以制定并公布食品安全地方标准，报国务院卫生行政部门备案。食品安全国家标准制定后，该地方标准即行废止。

第三十条 国家鼓励食品生产企业制定严于食品安全国家标准或者地方标准的企业标准，在本企业适用，并报省、自治区、直辖市人民政府卫生行政部门备案。

第三十一条 省级以上人民政府卫生行政部门应当在其网站上公布制定和备案的食品安全国家标准、地方标准和企业标准，供公众免费查阅、下载。

对食品安全标准执行过程中的问题，县级以上人民政府卫生行政部门应当会同有关部门及时给予指导、解答。

第三十二条 省级以上人民政府卫生行政部门应当会同同级食品安全监督管理、农业行政等部门，分别对食品安全国家标准和地方标准的执行情况进行跟踪评价，并根据评价结果及时修订食品安全标准。

省级以上人民政府食品安全监督管理、农业行政等部门应当对食品安全标准执行中存在的问题进行收集、汇总，并及时向同级卫生行政部门通报。

食品生产经营者、食品行业协会发现食品安全标准在执行中存在问题的，应当立即向卫生行政部门报告。

第四章　食品生产经营

第一节　一般规定

第三十三条 食品生产经营应当符合食品安全标准，并符合下列要求：

（一）具有与生产经营的食品品种、数量相适应的食品原料处理和食品加工、包装、贮存等场所，保持该场所环境整洁，并与有毒、有害场所以及其他污染源保持规定的距离；

（二）具有与生产经营的食品品种、数量相适应的生产经营设备或者设施，有相应的消毒、更衣、盥洗、采光、照明、通风、防腐、防尘、防蝇、防鼠、防虫、洗涤以及处理废水、存放垃圾和废弃物的设备或者设施；

（三）有专职或者兼职的食品安全专业技术人员、食品安全管理人员和保证食品安全的规章制度；

（四）具有合理的设备布局和工艺流程，防止待加工食品与直接入口食品、原料与成品交叉污染，避免食品接触有毒物、不洁物；

（五）餐具、饮具和盛放直接入口食品的容器，使用前应当洗净、消毒，炊具、用具用后应当洗净，保持清洁；

（六）贮存、运输和装卸食品的容器、工具和设备应当安全、无害，保持清洁，防止食品污染，并符合保证食品安全所需的温度、湿度等特殊要求，不得将食品与有毒、有害物品一同贮存、运输；

（七）直接入口的食品应当使用无毒、清洁的包装材料、餐具、饮具和容器；

（八）食品生产经营人员应当保持个人卫生，生产经营食品时，应当将手洗净，穿戴清洁的工作衣、帽等；销售无包装的直接入口食品时，应当使用无毒、清洁的容器、售货工具和设备；

（九）用水应当符合国家规定的生活饮用水卫生标准；

（十）使用的洗涤剂、消毒剂应当对人体安全、无害；

（十一）法律、法规规定的其他要求。

非食品生产经营者从事食品贮存、运输和装卸的，应当符合前款第六项的规定。

第三十四条　禁止生产经营下列食品、食品添加剂、食品相关产品：

（一）用非食品原料生产的食品或者添加食品添加剂以外的化学物质和其他可能危害人体健康物质的食品，或者用回收食品作为原料生产的食品；

（二）致病性微生物，农药残留、兽药残留、生物毒素、重金属等污染物质以及其他危害人体健康的物质含量超过食品安全标准限量的食品、食品添加剂、食品相关产品；

（三）用超过保质期的食品原料、食品添加剂生产的食品、食品添加剂；

（四）超范围、超限量使用食品添加剂的食品；

（五）营养成分不符合食品安全标准的专供婴幼儿和其他特定人群的主辅食品；

（六）腐败变质、油脂酸败、霉变生虫、污秽不洁、混有异物、掺假掺杂或者感官性状异常的食品、食品添加剂；

（七）病死、毒死或者死因不明的禽、畜、兽、水产动物肉类及其制品；

（八）未按规定进行检疫或者检疫不合格的肉类，或者未经检验或者检验不合格的肉类制品；

（九）被包装材料、容器、运输工具等污染的食品、食品添加剂；

（十）标注虚假生产日期、保质期或者超过保质期的食品、食品添加剂；

（十一）无标签的预包装食品、食品添加剂；

（十二）国家为防病等特殊需要明令禁止生产经营的食品；

（十三）其他不符合法律、法规或者食品安全标准的食品、食品添加剂、食品相关产品。

第三十五条 国家对食品生产经营实行许可制度。从事食品生产、食品销售、餐饮服务，应当依法取得许可。但是，销售食用农产品和仅销售预包装食品的，不需要取得许可。仅销售预包装食品的，应当报所在地县级以上地方人民政府食品安全监督管理部门备案。

县级以上地方人民政府食品安全监督管理部门应当依照《中华人民共和国行政许可法》的规定，审核申请人提交的本法第三十三条第一款第一项至第四项规定要求的相关资料，必要时对申请人的生产经营场所进行现场核查；对符合规定条件的，准予许可；对不符合规定条件的，不予许可并书面说明理由。

第三十六条 食品生产加工小作坊和食品摊贩等从事食品生产经营活动，应当符合本法规定的与其生产经营规模、条件相适应的食品安全要求，保证所生产经营的食品卫生、无毒、无害，食品安全监督管理部门应当对其加强监督管理。

县级以上地方人民政府应当对食品生产加工小作坊、食品摊贩等进行综合治理，加强服务和统一规划，改善其生产经营环境，鼓励和支持其改进生产经营条件，进入集中交易市场、店铺等固定场所经营，或者在指定的临时经营区域、时段经营。

食品生产加工小作坊和食品摊贩等的具体管理办法由省、自治区、直辖市制定。

第三十七条 利用新的食品原料生产食品，或者生产食品添加剂新品种、食品相关产品新品种，应当向国务院卫生行政部门提交相关产品的安全性评估材料。国务院卫生行政部门应当自收到申请之日起六十日内组织审查；对符合食品安全要求的，准予许可并公布；对不符合食品安全要求的，不予许可并书面说明理由。

第三十八条 生产经营的食品中不得添加药品，但是可以添加按照传统既是食品又是中药材的物质。按照传统既是食品又是中药材的物质目录由国务院卫生行政部门会同国务院食品安全监督管理部门制定、公布。

第三十九条 国家对食品添加剂生产实行许可制度。从事食品添加剂生产，应当具有与所生产食品添加剂品种相适应的场所、生产设备或者设施、专业技术人员和管理制度，并依照本法第三十五条第二款规定的程序，取得食品添加剂生产许可。

生产食品添加剂应当符合法律、法规和食品安全国家标准。

第四十条 食品添加剂应当在技术上确有必要且经过风险评估证明安全可靠，方可列入允许使用的范围；有关食品安全国家标准应当根据技术必要性和食品安全风险评估结果及时修订。

食品生产经营者应当按照食品安全国家标准使用食品添加剂。

第四十一条　生产食品相关产品应当符合法律、法规和食品安全国家标准。对直接接触食品的包装材料等具有较高风险的食品相关产品，按照国家有关工业产品生产许可证管理的规定实施生产许可。食品安全监督管理部门应当加强对食品相关产品生产活动的监督管理。

第四十二条　国家建立食品安全全程追溯制度。

食品生产经营者应当依照本法的规定，建立食品安全追溯体系，保证食品可追溯。国家鼓励食品生产经营者采用信息化手段采集、留存生产经营信息，建立食品安全追溯体系。

国务院食品安全监督管理部门会同国务院农业行政等有关部门建立食品安全全程追溯协作机制。

第四十三条　地方各级人民政府应当采取措施鼓励食品规模化生产和连锁经营、配送。

国家鼓励食品生产经营企业参加食品安全责任保险。

第二节　生产经营过程控制

第四十四条　食品生产经营企业应当建立健全食品安全管理制度，对职工进行食品安全知识培训，加强食品检验工作，依法从事生产经营活动。

食品生产经营企业的主要负责人应当落实企业食品安全管理制度，对本企业的食品安全工作全面负责。

食品生产经营企业应当配备食品安全管理人员，加强对其培训和考核。经考核不具备食品安全管理能力的，不得上岗。食品安全监督管理部门应当对企业食品安全管理人员随机进行监督抽查考核并公布考核情况。监督抽查考核不得收取费用。

第四十五条　食品生产经营者应当建立并执行从业人员健康管理制度。患有国务院卫生行政部门规定的有碍食品安全疾病的人员，不得从事接触直接入口食品的工作。

从事接触直接入口食品工作的食品生产经营人员应当每年进行健康检查，取得健康证明后方可上岗工作。

第四十六条　食品生产企业应当就下列事项制定并实施控制要求，保证所生产的食品符合食品安全标准：

（一）原料采购、原料验收、投料等原料控制；

（二）生产工序、设备、贮存、包装等生产关键环节控制；

（三）原料检验、半成品检验、成品出厂检验等检验控制；

（四）运输和交付控制。

第四十七条　食品生产经营者应当建立食品安全自查制度，定期对食品安全状况进行检查评价。生产经营条件发生变化，不再符合食品安全要求的，食品生产经营者应当立即采取整改措施；有发生食品安全事故潜在风险的，应当立即停止食品生产经营活动，并向所在地县级人民政府食品安全监督管理部门报告。

第四十八条 国家鼓励食品生产经营企业符合良好生产规范要求，实施危害分析与关键控制点体系，提高食品安全管理水平。

对通过良好生产规范、危害分析与关键控制点体系认证的食品生产经营企业，认证机构应当依法实施跟踪调查；对不再符合认证要求的企业，应当依法撤销认证，及时向县级以上人民政府食品安全监督管理部门通报，并向社会公布。认证机构实施跟踪调查不得收取费用。

第四十九条 食用农产品生产者应当按照食品安全标准和国家有关规定使用农药、肥料、兽药、饲料和饲料添加剂等农业投入品，严格执行农业投入品使用安全间隔期或者休药期的规定，不得使用国家明令禁止的农业投入品。禁止将剧毒、高毒农药用于蔬菜、瓜果、茶叶和中草药材等国家规定的农作物。

食用农产品的生产企业和农民专业合作经济组织应当建立农业投入品使用记录制度。

县级以上人民政府农业行政部门应当加强对农业投入品使用的监督管理和指导，建立健全农业投入品安全使用制度。

第五十条 食品生产者采购食品原料、食品添加剂、食品相关产品，应当查验供货者的许可证和产品合格证明；对无法提供合格证明的食品原料，应当按照食品安全标准进行检验；不得采购或者使用不符合食品安全标准的食品原料、食品添加剂、食品相关产品。

食品生产企业应当建立食品原料、食品添加剂、食品相关产品进货查验记录制度，如实记录食品原料、食品添加剂、食品相关产品的名称、规格、数量、生产日期或者生产批号、保质期、进货日期以及供货者名称、地址、联系方式等内容，并保存相关凭证。记录和凭证保存期限不得少于产品保质期满后六个月；没有明确保质期的，保存期限不得少于二年。

第五十一条 食品生产企业应当建立食品出厂检验记录制度，查验出厂食品的检验合格证和安全状况，如实记录食品的名称、规格、数量、生产日期或者生产批号、保质期、检验合格证号、销售日期以及购货者名称、地址、联系方式等内容，并保存相关凭证。记录和凭证保存期限应当符合本法第五十条第二款的规定。

第五十二条 食品、食品添加剂、食品相关产品的生产者，应当按照食品安全标准对所生产的食品、食品添加剂、食品相关产品进行检验，检验合格后方可出厂或者销售。

第五十三条 食品经营者采购食品，应当查验供货者的许可证和食品出厂检验合格证或者其他合格证明（以下称合格证明文件）。

食品经营企业应当建立食品进货查验记录制度，如实记录食品的名称、规格、数量、生产日期或者生产批号、保质期、进货日期以及供货者名称、地址、联系方式等内容，并保存相关凭证。记录和凭证保存期限应当符合本法第五十条第二款的规定。

实行统一配送经营方式的食品经营企业，可以由企业总部统一查验供货者的许可证和食品合格证明文件，进行食品进货查验记录。

从事食品批发业务的经营企业应当建立食品销售记录制度，如实记录批发食品的名称、规格、数量、生产日期或者生产批号、保质期、销售日期以及购货者名称、地址、联系方式等内容，并保存相关凭证。记录和凭证保存期限应当符合本法第五十条第二款的规定。

第五十四条　食品经营者应当按照保证食品安全的要求贮存食品，定期检查库存食品，及时清理变质或者超过保质期的食品。

食品经营者贮存散装食品，应当在贮存位置标明食品的名称、生产日期或者生产批号、保质期、生产者名称及联系方式等内容。

第五十五条　餐饮服务提供者应当制定并实施原料控制要求，不得采购不符合食品安全标准的食品原料。倡导餐饮服务提供者公开加工过程，公示食品原料及其来源等信息。

餐饮服务提供者在加工过程中应当检查待加工的食品及原料，发现有本法第三十四条第六项规定情形的，不得加工或者使用。

第五十六条　餐饮服务提供者应当定期维护食品加工、贮存、陈列等设施、设备；定期清洗、校验保温设施及冷藏、冷冻设施。

餐饮服务提供者应当按照要求对餐具、饮具进行清洗消毒，不得使用未经清洗消毒的餐具、饮具；餐饮服务提供者委托清洗消毒餐具、饮具的，应当委托符合本法规定条件的餐具、饮具集中消毒服务单位。

第五十七条　学校、托幼机构、养老机构、建筑工地等集中用餐单位的食堂应当严格遵守法律、法规和食品安全标准；从供餐单位订餐的，应当从取得食品生产经营许可的企业订购，并按照要求对订购的食品进行查验。供餐单位应当严格遵守法律、法规和食品安全标准，当餐加工，确保食品安全。

学校、托幼机构、养老机构、建筑工地等集中用餐单位的主管部门应当加强对集中用餐单位的食品安全教育和日常管理，降低食品安全风险，及时消除食品安全隐患。

第五十八条　餐具、饮具集中消毒服务单位应当具备相应的作业场所、清洗消毒设备或者设施，用水和使用的洗涤剂、消毒剂应当符合相关食品安全国家标准和其他国家标准、卫生规范。

餐具、饮具集中消毒服务单位应当对消毒餐具、饮具进行逐批检验，检验合格后方可出厂，并应当随附消毒合格证明。消毒后的餐具、饮具应当在独立包装上标注单位名称、地址、联系方式、消毒日期以及使用期限等内容。

第五十九条　食品添加剂生产者应当建立食品添加剂出厂检验记录制度，查验出厂产品的检验合格证和安全状况，如实记录食品添加剂的名称、规格、数量、生产日期或者生产批号、保质期、检验合格证号、销售日期以及购货者名称、地址、联系方式等相关内容，并保存相关凭证。记录和凭证保存期限应当符合本法第五十条第二款的规定。

第六十条　食品添加剂经营者采购食品添加剂，应当依法查验供货者的许可证和产品合格证明文件，如实记录食品添加剂的名称、规格、数量、生产日期或者生产批号、保质期、进货日期以及供货者名称、地址、联系方式等内容，并保存相关凭证。记录和凭证保存期限应当符合本法第五十条第二款的规定。

第六十一条　集中交易市场的开办者、柜台出租者和展销会举办者，应当依法审查入场食品经营者的许可证，明确其食品安全管理责任，定期对其经营环境和条件进行检查，发现其有违反本法规定行为的，应当及时制止并立即报告所在地县级人民政府食品安全监督管理部门。

第六十二条　网络食品交易第三方平台提供者应当对入网食品经营者进行实名登记，明确其食品安全管理责任；依法应当取得许可证的，还应当审查其许可证。

网络食品交易第三方平台提供者发现入网食品经营者有违反本法规定行为的，应当及时制止并立即报告所在地县级人民政府食品安全监督管理部门；发现严重违法行为的，应当立即停止提供网络交易平台服务。

第六十三条　国家建立食品召回制度。食品生产者发现其生产的食品不符合食品安全标准或者有证据证明可能危害人体健康的，应当立即停止生产，召回已经上市销售的食品，通知相关生产经营者和消费者，并记录召回和通知情况。

食品经营者发现其经营的食品有前款规定情形的，应当立即停止经营，通知相关生产经营者和消费者，并记录停止经营和通知情况。食品生产者认为应当召回的，应当立即召回。由于食品经营者的原因造成其经营的食品有前款规定情形的，食品经营者应当召回。

食品生产经营者应当对召回的食品采取无害化处理、销毁等措施，防止其再次流入市场。但是，对因标签、标志或者说明书不符合食品安全标准而被召回的食品，食品生产者在采取补救措施且能保证食品安全的情况下可以继续销售；销售时应当向消费者明示补救措施。

食品生产经营者应当将食品召回和处理情况向所在地县级人民政府食品安全监督管理部门报告；需要对召回的食品进行无害化处理、销毁的，应当提前报告时间、地点。食品安全监督管理部门认为必要的，可以实施现场监督。

食品生产经营者未依照本条规定召回或者停止经营的，县级以上人民政府食品安全监督管理部门可以责令其召回或者停止经营。

第六十四条 食用农产品批发市场应当配备检验设备和检验人员或者委托符合本法规定的食品检验机构，对进入该批发市场销售的食用农产品进行抽样检验；发现不符合食品安全标准的，应当要求销售者立即停止销售，并向食品安全监督管理部门报告。

第六十五条 食用农产品销售者应当建立食用农产品进货查验记录制度，如实记录食用农产品的名称、数量、进货日期以及供货者名称、地址、联系方式等内容，并保存相关凭证。记录和凭证保存期限不得少于六个月。

第六十六条 进入市场销售的食用农产品在包装、保鲜、贮存、运输中使用保鲜剂、防腐剂等食品添加剂和包装材料等食品相关产品，应当符合食品安全国家标准。

第三节 标签、说明书和广告

第六十七条 预包装食品的包装上应当有标签。标签应当标明下列事项：

（一）名称、规格、净含量、生产日期；

（二）成分或者配料表；

（三）生产者的名称、地址、联系方式；

（四）保质期；

（五）产品标准代号；

（六）贮存条件；

（七）所使用的食品添加剂在国家标准中的通用名称；

（八）生产许可证编号；

（九）法律、法规或者食品安全标准规定应当标明的其他事项。

专供婴幼儿和其他特定人群的主辅食品，其标签还应当标明主要营养成分及其含量。

食品安全国家标准对标签标注事项另有规定的，从其规定。

第六十八条 食品经营者销售散装食品，应当在散装食品的容器、外包装上标明食品的名称、生产日期或者生产批号、保质期以及生产经营者名称、地址、联系方式等内容。

第六十九条 生产经营转基因食品应当按照规定显著标示。

第七十条 食品添加剂应当有标签、说明书和包装。标签、说明书应当载明本法第六十七条第一款第一项至第六项、第八项、第九项规定的事项，以及食品添加剂的使用范围、用量、使用方法，并在标签上载明"食品添加剂"字样。

第七十一条 食品和食品添加剂的标签、说明书，不得含有虚假内容，不得涉及疾病预防、治疗功能。生产经营者对其提供的标签、说明书的内容负责。

食品和食品添加剂的标签、说明书应当清楚、明显，生产日期、保质期等事项应当显著标注，容易辨识。

食品和食品添加剂与其标签、说明书的内容不符的，不得上市销售。

第七十二条 食品经营者应当按照食品标签标示的警示标志、警示说明或者注意事项的要求销售食品。

第七十三条 食品广告的内容应当真实合法，不得含有虚假内容，不得涉及疾病预防、治疗功能。食品生产经营者对食品广告内容的真实性、合法性负责。

县级以上人民政府食品安全监督管理部门和其他有关部门以及食品检验机构、食品行业协会不得以广告或者其他形式向消费者推荐食品。消费者组织不得以收取费用或者其他牟取利益的方式向消费者推荐食品。

第四节　特殊食品

第七十四条 国家对保健食品、特殊医学用途配方食品和婴幼儿配方食品等特殊食品实行严格监督管理。

第七十五条 保健食品声称保健功能，应当具有科学依据，不得对人体产生急性、亚急性或者慢性危害。

保健食品原料目录和允许保健食品声称的保健功能目录，由国务院食品安全监督管理部门会同国务院卫生行政部门、国家中医药管理部门制定、调整并公布。

保健食品原料目录应当包括原料名称、用量及其对应的功效；列入保健食品原料目录的原料只能用于保健食品生产，不得用于其他食品生产。

第七十六条 使用保健食品原料目录以外原料的保健食品和首次进口的保健食品应当经国务院食品安全监督管理部门注册。但是，首次进口的保健食品中属于补充维生素、矿物质等营养物质的，应当报国务院食品安全监督管理部门备案。其他保健食品应当报省、自治区、直辖市人民政府食品安全监督管理部门备案。

进口的保健食品应当是出口国（地区）主管部门准许上市销售的产品。

第七十七条 依法应当注册的保健食品，注册时应当提交保健食品的研发报告、产品配方、生产工艺、安全性和保健功能评价、标签、说明书等材料及样品，并提供相关证明文件。国务院食品安全监督管理部门经组织技术审评，对符合安全和功能声称要求的，准予注册；对不符合要求的，不予注册并书面说明理由。对使用保健食品原料目录以外原料的保健食品作出准予注册决定的，应当及时将该原料纳入保健食品原料目录。

依法应当备案的保健食品，备案时应当提交产品配方、生产工艺、标签、说明书以及表明产品安全性和保健功能的材料。

第七十八条 保健食品的标签、说明书不得涉及疾病预防、治疗功能，内容应当真实，与注册或者备案的内容相一致，载明适宜人群、不适宜人群、功效成分或者标志性成分及其含量等，并声明"本品不能代替药物"。保健食品的功能和成分应当与标签、说明书相一致。

第七十九条 保健食品广告除应当符合本法第七十三条第一款的规定外，还应当声明"本品不能代替药物"；其内容应当经生产企业所在地省、自治区、直辖市人民政府食品安全监督管理部门审查批准，取得保健食品广告批准文件。省、自治区、直辖市人民政府食品安全监督管理部门应当公布并及时更新已经批准的保健食品广告目录以及批准的广告内容。

第八十条 特殊医学用途配方食品应当经国务院食品安全监督管理部门注册。注册时，应当提交产品配方、生产工艺、标签、说明书以及表明产品安全性、营养充足性和特殊医学用途临床效果的材料。

特殊医学用途配方食品广告适用《中华人民共和国广告法》和其他法律、行政法规关于药品广告管理的规定。

第八十一条 婴幼儿配方食品生产企业应当实施从原料进厂到成品出厂的全过程质量控制，对出厂的婴幼儿配方食品实施逐批检验，保证食品安全。

生产婴幼儿配方食品使用的生鲜乳、辅料等食品原料、食品添加剂等，应当符合法律、行政法规的规定和食品安全国家标准，保证婴幼儿生长发育所需的营养成分。

婴幼儿配方食品生产企业应当将食品原料、食品添加剂、产品配方及标签等事项向省、自治区、直辖市人民政府食品安全监督管理部门备案。

婴幼儿配方乳粉的产品配方应当经国务院食品安全监督管理部门注册。注册时，应当提交配方研发报告和其他表明配方科学性、安全性的材料。

不得以分装方式生产婴幼儿配方乳粉，同一企业不得用同一配方生产不同品牌的婴幼儿配方乳粉。

第八十二条 保健食品、特殊医学用途配方食品、婴幼儿配方乳粉的注册人或者备案人应当对其提交材料的真实性负责。

省级以上人民政府食品安全监督管理部门应当及时公布注册或者备案的保健食品、特殊医学用途配方食品、婴幼儿配方乳粉目录，并对注册或者备案中获知的企业商业秘密予以保密。

保健食品、特殊医学用途配方食品、婴幼儿配方乳粉生产企业应当按照注册或者备案的产品配方、生产工艺等技术要求组织生产。

第八十三条 生产保健食品、特殊医学用途配方食品、婴幼儿配方食品和其他专供特定人群的主辅食品的企业，应当按照良好生产规范的要求建立与所生产食品相适应的生产质量管理体系，定期对该体系的运行情况进行自查，保证其有效运行，并向所在地县级人民政府食品安全监督管理部门提交自查报告。

第五章　食品检验

第八十四条　食品检验机构按照国家有关认证认可的规定取得资质认定后，方可从事食品检验活动。但是，法律另有规定的除外。

食品检验机构的资质认定条件和检验规范，由国务院食品安全监督管理部门规定。

符合本法规定的食品检验机构出具的检验报告具有同等效力。

县级以上人民政府应当整合食品检验资源，实现资源共享。

第八十五条　食品检验由食品检验机构指定的检验人独立进行。

检验人应当依照有关法律、法规的规定，并按照食品安全标准和检验规范对食品进行检验，尊重科学，恪守职业道德，保证出具的检验数据和结论客观、公正，不得出具虚假检验报告。

第八十六条　食品检验实行食品检验机构与检验人负责制。食品检验报告应当加盖食品检验机构公章，并有检验人的签名或者盖章。食品检验机构和检验人对出具的食品检验报告负责。

第八十七条　县级以上人民政府食品安全监督管理部门应当对食品进行定期或者不定期的抽样检验，并依据有关规定公布检验结果，不得免检。进行抽样检验，应当购买抽取的样品，委托符合本法规定的食品检验机构进行检验，并支付相关费用；不得向食品生产经营者收取检验费和其他费用。

第八十八条　对依照本法规定实施的检验结论有异议的，食品生产经营者可以自收到检验结论之日起七个工作日内向实施抽样检验的食品安全监督管理部门或者其上一级食品安全监督管理部门提出复检申请，由受理复检申请的食品安全监督管理部门在公布的复检机构名录中随机确定复检机构进行复检。复检机构出具的复检结论为最终检验结论。复检机构与初检机构不得为同一机构。复检机构名录由国务院认证认可监督管理、食品安全监督管理、卫生行政、农业行政等部门共同公布。

采用国家规定的快速检测方法对食用农产品进行抽查检测，被抽查人对检测结果有异议的，可以自收到检测结果时起四小时内申请复检。复检不得采用快速检测方法。

第八十九条　食品生产企业可以自行对所生产的食品进行检验，也可以委托符合本法规定的食品检验机构进行检验。

食品行业协会和消费者协会等组织、消费者需要委托食品检验机构对食品进行检验的，应当委托符合本法规定的食品检验机构进行。

第九十条　食品添加剂的检验，适用本法有关食品检验的规定。

第六章　食品进出口

第九十一条　国家出入境检验检疫部门对进出口食品安全实施监督管理。

第九十二条　进口的食品、食品添加剂、食品相关产品应当符合我国食品安全国家标准。

进口的食品、食品添加剂应当经出入境检验检疫机构依照进出口商品检验相关法律、行政法规的规定检验合格。

进口的食品、食品添加剂应当按照国家出入境检验检疫部门的要求随附合格证明材料。

第九十三条　进口尚无食品安全国家标准的食品，由境外出口商、境外生产企业或者其委托的进口商向国务院卫生行政部门提交所执行的相关国家（地区）标准或者国际标准。国务院卫生行政部门对相关标准进行审查，认为符合食品安全要求的，决定暂予适用，并及时制定相应的食品安全国家标准。进口利用新的食品原料生产的食品或者进口食品添加剂新品种、食品相关产品新品种，依照本法第三十七条的规定办理。

出入境检验检疫机构按照国务院卫生行政部门的要求，对前款规定的食品、食品添加剂、食品相关产品进行检验。检验结果应当公开。

第九十四条　境外出口商、境外生产企业应当保证向我国出口的食品、食品添加剂、食品相关产品符合本法以及我国其他有关法律、行政法规的规定和食品安全国家标准的要求，并对标签、说明书的内容负责。

进口商应当建立境外出口商、境外生产企业审核制度，重点审核前款规定的内容；审核不合格的，不得进口。

发现进口食品不符合我国食品安全国家标准或者有证据证明可能危害人体健康的，进口商应当立即停止进口，并依照本法第六十三条的规定召回。

第九十五条　境外发生的食品安全事件可能对我国境内造成影响，或者在进口食品、食品添加剂、食品相关产品中发现严重食品安全问题的，国家出入境检验检疫部门应当及时采取风险预警或者控制措施，并向国务院食品安全监督管理、卫生行政、农业行政部门通报。接到通报的部门应当及时采取相应措施。

县级以上人民政府食品安全监督管理部门对国内市场上销售的进口食品、食品添加剂实施监督管理。发现存在严重食品安全问题的，国务院食品安全监督管理部门应当及时向国家出入境检验检疫部门通报。国家出入境检验检疫部门应当及时采取相应措施。

第九十六条　向我国境内出口食品的境外出口商或者代理商、进口食品的进口商应当向国家出入境检验检疫部门备案。向我国境内出口食品的境外食品生产企业应当经国家出入境检验检疫部门注册。已经注册的境外食品生产企业提供虚假材料，或者因其自身的原因致使进口食品发生重大食品安全事故的，国家出入境检验检疫部门应当撤销注册并公告。

国家出入境检验检疫部门应当定期公布已经备案的境外出口商、代理商、进口商和已经注册的境外食品生产企业名单。

第九十七条　进口的预包装食品、食品添加剂应当有中文标签；依法应当有说明书的，还应当有中文说明书。标签、说明书应当符合本法以及我国其他有关法律、行政法规的规定和食品安全国家标准的要求，并载明食品的原产地以及境内代理商的名称、地址、联系方式。预包装食品没有中文标签、中文说明书或者标签、说明书不符合本条规定的，不得进口。

第九十八条　进口商应当建立食品、食品添加剂进口和销售记录制度，如实记录食品、食品添加剂的名称、规格、数量、生产日期、生产或者进口批号、保质期、境外出口商和购货者名称、地址及联系方式、交货日期等内容，并保存相关凭证。记录和凭证保存期限应当符合本法第五十条第二款的规定。

第九十九条　出口食品生产企业应当保证其出口食品符合进口国（地区）的标准或者合同要求。

出口食品生产企业和出口食品原料种植、养殖场应当向国家出入境检验检疫部门备案。

第一百条　国家出入境检验检疫部门应当收集、汇总下列进出口食品安全信息，并及时通报相关部门、机构和企业：

（一）出入境检验检疫机构对进出口食品实施检验检疫发现的食品安全信息；

（二）食品行业协会和消费者协会等组织、消费者反映的进口食品安全信息；

（三）国际组织、境外政府机构发布的风险预警信息及其他食品安全信息，以及境外食品行业协会等组织、消费者反映的食品安全信息；

（四）其他食品安全信息。

国家出入境检验检疫部门应当对进出口食品的进口商、出口商和出口食品生产企业实施信用管理，建立信用记录，并依法向社会公布。对有不良记录的进口商、出口商和出口食品生产企业，应当加强对其进出口食品的检验检疫。

第一百零一条　国家出入境检验检疫部门可以对向我国境内出口食品的国家（地区）的食品安全管理体系和食品安全状况进行评估和审查，并根据评估和审查结果，确定相应检验检疫要求。

第七章　食品安全事故处置

第一百零二条　国务院组织制定国家食品安全事故应急预案。

县级以上地方人民政府应当根据有关法律、法规的规定和上级人民政府的食品安全事故应急预案以及本行政区域的实际情况，制定本行政区域的食品安全事故应急预案，并报上一级人民政府备案。

食品安全事故应急预案应当对食品安全事故分级、事故处置组织指挥体系与职责、预防预警机制、处置程序、应急保障措施等作出规定。

食品生产经营企业应当制定食品安全事故处置方案，定期检查本企业各项食品安全防范措施的落实情况，及时消除事故隐患。

第一百零三条　发生食品安全事故的单位应当立即采取措施，防止事故扩大。事故单位和接收病人进行治疗的单位应当及时向事故发生地县级人民政府食品安全监督管理、卫生行政部门报告。

县级以上人民政府农业行政等部门在日常监督管理中发现食品安全事故或者接到事故举报，应当立即向同级食品安全监督管理部门通报。

发生食品安全事故，接到报告的县级人民政府食品安全监督管理部门应当按照应急预案的规定向本级人民政府和上级人民政府食品安全监督管理部门报告。县级人民政府和上级人民政府食品安全监督管理部门应当按照应急预案的规定上报。

任何单位和个人不得对食品安全事故隐瞒、谎报、缓报，不得隐匿、伪造、毁灭有关证据。

第一百零四条　医疗机构发现其接收的病人属于食源性疾病病人或者疑似病人的，应当按照规定及时将相关信息向所在地县级人民政府卫生行政部门报告。县级人民政府卫生行政部门认为与食品安全有关的，应当及时通报同级食品安全监督管理部门。

县级以上人民政府卫生行政部门在调查处理传染病或者其他突发公共卫生事件中发现与食品安全相关的信息，应当及时通报同级食品安全监督管理部门。

第一百零五条　县级以上人民政府食品安全监督管理部门接到食品安全事故的报告后，应当立即会同同级卫生行政、农业行政等部门进行调查处理，并采取下列措施，防止或者减轻社会危害：

（一）开展应急救援工作，组织救治因食品安全事故导致人身伤害的人员；

（二）封存可能导致食品安全事故的食品及其原料，并立即进行检验；对确认属于被污染的食品及其原料，责令食品生产经营者依照本法第六十三条的规定召回或者停止经营；

（三）封存被污染的食品相关产品，并责令进行清洗消毒；

（四）做好信息发布工作，依法对食品安全事故及其处理情况进行发布，并对可能产生的危害加以解释、说明。

发生食品安全事故需要启动应急预案的，县级以上人民政府应当立即成立事故处置指挥机构，启动应急预案，依照前款和应急预案的规定进行处置。

发生食品安全事故，县级以上疾病预防控制机构应当对事故现场进行卫生处理，并对与事故有关的因素开展流行病学调查，有关部门应当予以协助。县级以上疾病预防控制机构应当向同级食品安全监督管理、卫生行政部门提交流行病学调查报告。

第一百零六条 发生食品安全事故，设区的市级以上人民政府食品安全监督管理部门应当立即会同有关部门进行事故责任调查，督促有关部门履行职责，向本级人民政府和上一级人民政府食品安全监督管理部门提出事故责任调查处理报告。

涉及两个以上省、自治区、直辖市的重大食品安全事故由国务院食品安全监督管理部门依照前款规定组织事故责任调查。

第一百零七条 调查食品安全事故，应当坚持实事求是、尊重科学的原则，及时、准确查清事故性质和原因，认定事故责任，提出整改措施。

调查食品安全事故，除了查明事故单位的责任，还应当查明有关监督管理部门、食品检验机构、认证机构及其工作人员的责任。

第一百零八条 食品安全事故调查部门有权向有关单位和个人了解与事故有关的情况，并要求提供相关资料和样品。有关单位和个人应当予以配合，按照要求提供相关资料和样品，不得拒绝。

任何单位和个人不得阻挠、干涉食品安全事故的调查处理。

第八章　监督管理

第一百零九条 县级以上人民政府食品安全监督管理部门根据食品安全风险监测、风险评估结果和食品安全状况等，确定监督管理的重点、方式和频次，实施风险分级管理。

县级以上地方人民政府组织本级食品安全监督管理、农业行政等部门制定本行政区域的食品安全年度监督管理计划，向社会公布并组织实施。

食品安全年度监督管理计划应当将下列事项作为监督管理的重点：

（一）专供婴幼儿和其他特定人群的主辅食品；

（二）保健食品生产过程中的添加行为和按照注册或者备案的技术要求组织生产的情

况，保健食品标签、说明书以及宣传材料中有关功能宣传的情况；

（三）发生食品安全事故风险较高的食品生产经营者；

（四）食品安全风险监测结果表明可能存在食品安全隐患的事项。

第一百一十条 县级以上人民政府食品安全监督管理部门履行食品安全监督管理职责，有权采取下列措施，对生产经营者遵守本法的情况进行监督检查：

（一）进入生产经营场所实施现场检查；

（二）对生产经营的食品、食品添加剂、食品相关产品进行抽样检验；

（三）查阅、复制有关合同、票据、账簿以及其他有关资料；

（四）查封、扣押有证据证明不符合食品安全标准或者有证据证明存在安全隐患以及用于违法生产经营的食品、食品添加剂、食品相关产品；

（五）查封违法从事生产经营活动的场所。

第一百一十一条 对食品安全风险评估结果证明食品存在安全隐患，需要制定、修订食品安全标准的，在制定、修订食品安全标准前，国务院卫生行政部门应当及时会同国务院有关部门规定食品中有害物质的临时限量值和临时检验方法，作为生产经营和监督管理的依据。

第一百一十二条 县级以上人民政府食品安全监督管理部门在食品安全监督管理工作中可以采用国家规定的快速检测方法对食品进行抽查检测。

对抽查检测结果表明可能不符合食品安全标准的食品，应当依照本法第八十七条的规定进行检验。抽查检测结果确定有关食品不符合食品安全标准的，可以作为行政处罚的依据。

第一百一十三条 县级以上人民政府食品安全监督管理部门应当建立食品生产经营者食品安全信用档案，记录许可颁发、日常监督检查结果、违法行为查处等情况，依法向社会公布并实时更新；对有不良信用记录的食品生产经营者增加监督检查频次，对违法行为情节严重的食品生产经营者，可以通报投资主管部门、证券监督管理机构和有关的金融机构。

第一百一十四条 食品生产经营过程中存在食品安全隐患，未及时采取措施消除的，县级以上人民政府食品安全监督管理部门可以对食品生产经营者的法定代表人或者主要负责人进行责任约谈。食品生产经营者应当立即采取措施，进行整改，消除隐患。责任约谈情况和整改情况应当纳入食品生产经营者食品安全信用档案。

第一百一十五条 县级以上人民政府食品安全监督管理等部门应当公布本部门的电子邮件地址或者电话，接受咨询、投诉、举报。接到咨询、投诉、举报，对属于本部门职责的，应当受理并在法定期限内及时答复、核实、处理；对不属于本部门职责的，应当移交有权处理的部门并书面通知咨询、投诉、举报人。有权处理的部门应当在法定期限内及时处理，不得推诿。对查证属实的举报，给予举报人奖励。

有关部门应当对举报人的信息予以保密，保护举报人的合法权益。举报人举报所在企业的，该企业不得以解除、变更劳动合同或者其他方式对举报人进行打击报复。

第一百一十六条 县级以上人民政府食品安全监督管理等部门应当加强对执法人员食品安全法律、法规、标准和专业知识与执法能力等的培训，并组织考核。不具备相应知识和能力的，不得从事食品安全执法工作。

食品生产经营者、食品行业协会、消费者协会等发现食品安全执法人员在执法过程中有违反法律、法规规定的行为以及不规范执法行为的，可以向本级或者上级人民政府食品安全监督管理等部门或者监察机关投诉、举报。接到投诉、举报的部门或者机关应当进行核实，并将经核实的情况向食品安全执法人员所在部门通报；涉嫌违法违纪的，按照本法和有关规定处理。

第一百一十七条 县级以上人民政府食品安全监督管理等部门未及时发现食品安全系统性风险，未及时消除监督管理区域内的食品安全隐患的，本级人民政府可以对其主要负责人进行责任约谈。

地方人民政府未履行食品安全职责，未及时消除区域性重大食品安全隐患的，上级人民政府可以对其主要负责人进行责任约谈。

被约谈的食品安全监督管理等部门、地方人民政府应当立即采取措施，对食品安全监督管理工作进行整改。

责任约谈情况和整改情况应当纳入地方人民政府和有关部门食品安全监督管理工作评议、考核记录。

第一百一十八条 国家建立统一的食品安全信息平台，实行食品安全信息统一公布制度。国家食品安全总体情况、食品安全风险警示信息、重大食品安全事故及其调查处理信息和国务院确定需要统一公布的其他信息由国务院食品安全监督管理部门统一公布。食品安全风险警示信息和重大食品安全事故及其调查处理信息的影响限于特定区域的，也可以由有关省、自治区、直辖市人民政府食品安全监督管理部门公布。未经授权不得发布上述信息。

县级以上人民政府食品安全监督管理、农业行政部门依据各自职责公布食品安全日常监督管理信息。

公布食品安全信息，应当做到准确、及时，并进行必要的解释说明，避免误导消费者和社会舆论。

第一百一十九条 县级以上地方人民政府食品安全监督管理、卫生行政、农业行政部门获知本法规定需要统一公布的信息，应当向上级主管部门报告，由上级主管部门立即报告国务院食品安全监督管理部门；必要时，可以直接向国务院食品安全监督管理部门报告。

县级以上人民政府食品安全监督管理、卫生行政、农业行政部门应当相互通报获知的食品安全信息。

第一百二十条 任何单位和个人不得编造、散布虚假食品安全信息。

县级以上人民政府食品安全监督管理部门发现可能误导消费者和社会舆论的食品安全信息，应当立即组织有关部门、专业机构、相关食品生产经营者等进行核实、分析，并及时公布结果。

第一百二十一条 县级以上人民政府食品安全监督管理等部门发现涉嫌食品安全犯罪的，应当按照有关规定及时将案件移送公安机关。对移送的案件，公安机关应当及时审查；认为有犯罪事实需要追究刑事责任的，应当立案侦查。

公安机关在食品安全犯罪案件侦查过程中认为没有犯罪事实，或者犯罪事实显著轻微，不需要追究刑事责任，但依法应当追究行政责任的，应当及时将案件移送食品安全监督管理等部门和监察机关，有关部门应当依法处理。

公安机关商请食品安全监督管理、生态环境等部门提供检验结论、认定意见以及对涉案物品进行无害化处理等协助的，有关部门应当及时提供，予以协助。

第九章　法律责任

第一百二十二条 违反本法规定，未取得食品生产经营许可从事食品生产经营活动，或者未取得食品添加剂生产许可从事食品添加剂生产活动的，由县级以上人民政府食品安全监督管理部门没收违法所得和违法生产经营的食品、食品添加剂以及用于违法生产经营的工具、设备、原料等物品；违法生产经营的食品、食品添加剂货值金额不足一万元的，并处五万元以上十万元以下罚款；货值金额一万元以上的，并处货值金额十倍以上二十倍以下罚款。

明知从事前款规定的违法行为，仍为其提供生产经营场所或者其他条件的，由县级以上人民政府食品安全监督管理部门责令停止违法行为，没收违法所得，并处五万元以上十万元以下罚款；使消费者的合法权益受到损害的，应当与食品、食品添加剂生产经营者承担连带责任。

第一百二十三条 违反本法规定，有下列情形之一，尚不构成犯罪的，由县级以上人民政府食品安全监督管理部门没收违法所得和违法生产经营的食品，并可以没收用于违法生产经营的工具、设备、原料等物品；违法生产经营的食品货值金额不足一万元的，并处十万元以上十五万元以下罚款；货值金额一万元以上的，并处货值金额十五倍以上三十倍以下罚款；情节严重的，吊销许可证，并可以由公安机关对其直接负责的主管人员和其他直接责任人员处五日以上十五日以下拘留：

（一）用非食品原料生产食品、在食品中添加食品添加剂以外的化学物质和其他可能危害人体健康的物质，或者用回收食品作为原料生产食品，或者经营上述食品；

（二）生产经营营养成分不符合食品安全标准的专供婴幼儿和其他特定人群的主辅食品；

（三）经营病死、毒死或者死因不明的禽、畜、兽、水产动物肉类，或者生产经营其制品；

（四）经营未按规定进行检疫或者检疫不合格的肉类，或者生产经营未经检验或者检验不合格的肉类制品；

（五）生产经营国家为防病等特殊需要明令禁止生产经营的食品；

（六）生产经营添加药品的食品。

明知从事前款规定的违法行为，仍为其提供生产经营场所或者其他条件的，由县级以上人民政府食品安全监督管理部门责令停止违法行为，没收违法所得，并处十万元以上二十万元以下罚款；使消费者的合法权益受到损害的，应当与食品生产经营者承担连带责任。

违法使用剧毒、高毒农药的，除依照有关法律、法规规定给予处罚外，可以由公安机关依照第一款规定给予拘留。

第一百二十四条　违反本法规定，有下列情形之一，尚不构成犯罪的，由县级以上人民政府食品安全监督管理部门没收违法所得和违法生产经营的食品、食品添加剂，并可以没收用于违法生产经营的工具、设备、原料等物品；违法生产经营的食品、食品添加剂货值金额不足一万元的，并处五万元以上十万元以下罚款；货值金额一万元以上的，并处货值金额十倍以上二十倍以下罚款；情节严重的，吊销许可证：

（一）生产经营致病性微生物，农药残留、兽药残留、生物毒素、重金属等污染物质以及其他危害人体健康的物质含量超过食品安全标准限量的食品、食品添加剂；

（二）用超过保质期的食品原料、食品添加剂生产食品、食品添加剂，或者经营上述食品、食品添加剂；

（三）生产经营超范围、超限量使用食品添加剂的食品；

（四）生产经营腐败变质、油脂酸败、霉变生虫、污秽不洁、混有异物、掺假掺杂或者感官性状异常的食品、食品添加剂；

（五）生产经营标注虚假生产日期、保质期或者超过保质期的食品、食品添加剂；

（六）生产经营未按规定注册的保健食品、特殊医学用途配方食品、婴幼儿配方乳粉，或者未按注册的产品配方、生产工艺等技术要求组织生产；

（七）以分装方式生产婴幼儿配方乳粉，或者同一企业以同一配方生产不同品牌的婴幼儿配方乳粉；

（八）利用新的食品原料生产食品，或者生产食品添加剂新品种，未通过安全性评估；

（九）食品生产经营者在食品安全监督管理部门责令其召回或者停止经营后，仍拒不召回或者停止经营。

除前款和本法第一百二十三条、第一百二十五条规定的情形外，生产经营不符合法律、法规或者食品安全标准的食品、食品添加剂的，依照前款规定给予处罚。

生产食品相关产品新品种，未通过安全性评估，或者生产不符合食品安全标准的食品相关产品的，由县级以上人民政府食品安全监督管理部门依照第一款规定给予处罚。

第一百二十五条 违反本法规定，有下列情形之一的，由县级以上人民政府食品安全监督管理部门没收违法所得和违法生产经营的食品、食品添加剂，并可以没收用于违法生产经营的工具、设备、原料等物品；违法生产经营的食品、食品添加剂货值金额不足一万元的，并处五千元以上五万元以下罚款；货值金额一万元以上的，并处货值金额五倍以上十倍以下罚款；情节严重的，责令停产停业，直至吊销许可证：

（一）生产经营被包装材料、容器、运输工具等污染的食品、食品添加剂；

（二）生产经营无标签的预包装食品、食品添加剂或者标签、说明书不符合本法规定的食品、食品添加剂；

（三）生产经营转基因食品未按规定进行标示；

（四）食品生产经营者采购或者使用不符合食品安全标准的食品原料、食品添加剂、食品相关产品。

生产经营的食品、食品添加剂的标签、说明书存在瑕疵但不影响食品安全且不会对消费者造成误导的，由县级以上人民政府食品安全监督管理部门责令改正；拒不改正的，处二千元以下罚款。

第一百二十六条 违反本法规定，有下列情形之一的，由县级以上人民政府食品安全监督管理部门责令改正，给予警告；拒不改正的，处五千元以上五万元以下罚款；情节严重的，责令停产停业，直至吊销许可证：

（一）食品、食品添加剂生产者未按规定对采购的食品原料和生产的食品、食品添加剂进行检验；

（二）食品生产经营企业未按规定建立食品安全管理制度，或者未按规定配备或者培训、考核食品安全管理人员；

（三）食品、食品添加剂生产经营者进货时未查验许可证和相关证明文件，或者未按规定建立并遵守进货查验记录、出厂检验记录和销售记录制度；

（四）食品生产经营企业未制定食品安全事故处置方案；

（五）餐具、饮具和盛放直接入口食品的容器，使用前未经洗净、消毒或者清洗消毒不合格，或者餐饮服务设施、设备未按规定定期维护、清洗、校验；

（六）食品生产经营者安排未取得健康证明或者患有国务院卫生行政部门规定的有碍食品安全疾病的人员从事接触直接入口食品的工作；

（七）食品经营者未按规定要求销售食品；

（八）保健食品生产企业未按规定向食品安全监督管理部门备案，或者未按备案的产品配方、生产工艺等技术要求组织生产；

（九）婴幼儿配方食品生产企业未将食品原料、食品添加剂、产品配方、标签等向食品安全监督管理部门备案；

（十）特殊食品生产企业未按规定建立生产质量管理体系并有效运行，或者未定期提交自查报告；

（十一）食品生产经营者未定期对食品安全状况进行检查评价，或者生产经营条件发生变化，未按规定处理；

（十二）学校、托幼机构、养老机构、建筑工地等集中用餐单位未按规定履行食品安全管理责任；

（十三）食品生产企业、餐饮服务提供者未按规定制定、实施生产经营过程控制要求。

餐具、饮具集中消毒服务单位违反本法规定用水，使用洗涤剂、消毒剂，或者出厂的餐具、饮具未按规定检验合格并随附消毒合格证明，或者未按规定在独立包装上标注相关内容的，由县级以上人民政府卫生行政部门依照前款规定给予处罚。

食品相关产品生产者未按规定对生产的食品相关产品进行检验的，由县级以上人民政府食品安全监督管理部门依照第一款规定给予处罚。

食用农产品销售者违反本法第六十五条规定的，由县级以上人民政府食品安全监督管理部门依照第一款规定给予处罚。

第一百二十七条　对食品生产加工小作坊、食品摊贩等的违法行为的处罚，依照省、自治区、直辖市制定的具体管理办法执行。

第一百二十八条　违反本法规定，事故单位在发生食品安全事故后未进行处置、报告的，由有关主管部门按照各自职责分工责令改正，给予警告；隐匿、伪造、毁灭有关证据的，责令停产停业，没收违法所得，并处十万元以上五十万元以下罚款；造成严重后果的，吊销许可证。

第一百二十九条　违反本法规定，有下列情形之一的，由出入境检验检疫机构依照本法第一百二十四条的规定给予处罚：

（一）提供虚假材料，进口不符合我国食品安全国家标准的食品、食品添加剂、食品相关产品；

（二）进口尚无食品安全国家标准的食品，未提交所执行的标准并经国务院卫生行政部门审查，或者进口利用新的食品原料生产的食品或者进口食品添加剂新品种、食品相关产品新品种，未通过安全性评估；

（三）未遵守本法的规定出口食品；

（四）进口商在有关主管部门责令其依照本法规定召回进口的食品后，仍拒不召回。

违反本法规定，进口商未建立并遵守食品、食品添加剂进口和销售记录制度、境外出口商或者生产企业审核制度的，由出入境检验检疫机构依照本法第一百二十六条的规定给予处罚。

第一百三十条 违反本法规定，集中交易市场的开办者、柜台出租者、展销会的举办者允许未依法取得许可的食品经营者进入市场销售食品，或者未履行检查、报告等义务的，由县级以上人民政府食品安全监督管理部门责令改正，没收违法所得，并处五万元以上二十万元以下罚款；造成严重后果的，责令停业，直至由原发证部门吊销许可证；使消费者的合法权益受到损害的，应当与食品经营者承担连带责任。

食用农产品批发市场违反本法第六十四条规定的，依照前款规定承担责任。

第一百三十一条 违反本法规定，网络食品交易第三方平台提供者未对入网食品经营者进行实名登记、审查许可证，或者未履行报告、停止提供网络交易平台服务等义务的，由县级以上人民政府食品安全监督管理部门责令改正，没收违法所得，并处五万元以上二十万元以下罚款；造成严重后果的，责令停业，直至由原发证部门吊销许可证；使消费者的合法权益受到损害的，应当与食品经营者承担连带责任。

消费者通过网络食品交易第三方平台购买食品，其合法权益受到损害的，可以向入网食品经营者或者食品生产者要求赔偿。网络食品交易第三方平台提供者不能提供入网食品经营者的真实名称、地址和有效联系方式的，由网络食品交易第三方平台提供者赔偿。网络食品交易第三方平台提供者赔偿后，有权向入网食品经营者或者食品生产者追偿。网络食品交易第三方平台提供者作出更有利于消费者承诺的，应当履行其承诺。

第一百三十二条 违反本法规定，未按要求进行食品贮存、运输和装卸的，由县级以上人民政府食品安全监督管理等部门按照各自职责分工责令改正，给予警告；拒不改正的，责令停产停业，并处一万元以上五万元以下罚款；情节严重的，吊销许可证。

第一百三十三条 违反本法规定，拒绝、阻挠、干涉有关部门、机构及其工作人员依法开展食品安全监督检查、事故调查处理、风险监测和风险评估的，由有关主管部门按照各自职责分工责令停产停业，并处二千元以上五万元以下罚款；情节严重的，吊销许可证；构成违反治安管理行为的，由公安机关依法给予治安管理处罚。

违反本法规定，对举报人以解除、变更劳动合同或者其他方式打击报复的，应当依照有关法律的规定承担责任。

第一百三十四条 食品生产经营者在一年内累计三次因违反本法规定受到责令停产停业、吊销许可证以外处罚的，由食品安全监督管理部门责令停产停业，直至吊销许可证。

第一百三十五条 被吊销许可证的食品生产经营者及其法定代表人、直接负责的主管人员和其他直接责任人员自处罚决定作出之日起五年内不得申请食品生产经营许可，或者从事食品生产经营管理工作、担任食品生产经营企业食品安全管理人员。

因食品安全犯罪被判处有期徒刑以上刑罚的，终身不得从事食品生产经营管理工作，也不得担任食品生产经营企业食品安全管理人员。

食品生产经营者聘用人员违反前两款规定的，由县级以上人民政府食品安全监督管理部门吊销许可证。

第一百三十六条 食品经营者履行了本法规定的进货查验等义务，有充分证据证明其不知道所采购的食品不符合食品安全标准，并能如实说明其进货来源的，可以免予处罚，但应当依法没收其不符合食品安全标准的食品；造成人身、财产或者其他损害的，依法承担赔偿责任。

第一百三十七条 违反本法规定，承担食品安全风险监测、风险评估工作的技术机构、技术人员提供虚假监测、评估信息的，依法对技术机构直接负责的主管人员和技术人员给予撤职、开除处分；有执业资格的，由授予其资格的主管部门吊销执业证书。

第一百三十八条 违反本法规定，食品检验机构、食品检验人员出具虚假检验报告的，由授予其资质的主管部门或者机构撤销该食品检验机构的检验资质，没收所收取的检验费用，并处检验费用五倍以上十倍以下罚款，检验费用不足一万元的，并处五万元以上十万元以下罚款；依法对食品检验机构直接负责的主管人员和食品检验人员给予撤职或者开除处分；导致发生重大食品安全事故的，对直接负责的主管人员和食品检验人员给予开除处分。

违反本法规定，受到开除处分的食品检验机构人员，自处分决定作出之日起十年内不得从事食品检验工作；因食品安全违法行为受到刑事处罚或者因出具虚假检验报告导致发生重大食品安全事故受到开除处分的食品检验机构人员，终身不得从事食品检验工作。食品检验机构聘用不得从事食品检验工作的人员的，由授予其资质的主管部门或者机构撤销该食品检验机构的检验资质。

食品检验机构出具虚假检验报告，使消费者的合法权益受到损害的，应当与食品生产经营者承担连带责任。

第一百三十九条 违反本法规定，认证机构出具虚假认证结论，由认证认可监督管理部门没收所收取的认证费用，并处认证费用五倍以上十倍以下罚款，认证费用不足一万元的，并处五万元以上十万元以下罚款；情节严重的，责令停业，直至撤销认证机构批准文件，并向社会公布；对直接负责的主管人员和负有直接责任的认证人员，撤销其执业资格。

认证机构出具虚假认证结论，使消费者的合法权益受到损害的，应当与食品生产经营者承担连带责任。

第一百四十条 违反本法规定，在广告中对食品作虚假宣传，欺骗消费者，或者发布未取得批准文件、广告内容与批准文件不一致的保健食品广告的，依照《中华人民共和国广告法》的规定给予处罚。

广告经营者、发布者设计、制作、发布虚假食品广告，使消费者的合法权益受到损害的，应当与食品生产经营者承担连带责任。

社会团体或者其他组织、个人在虚假广告或者其他虚假宣传中向消费者推荐食品，使消费者的合法权益受到损害的，应当与食品生产经营者承担连带责任。

违反本法规定，食品安全监督管理等部门、食品检验机构、食品行业协会以广告或者其他形式向消费者推荐食品，消费者组织以收取费用或者其他牟取利益的方式向消费者推荐食品的，由有关主管部门没收违法所得，依法对直接负责的主管人员和其他直接责任人员给予记大过、降级或者撤职处分；情节严重的，给予开除处分。

对食品作虚假宣传且情节严重的，由省级以上人民政府食品安全监督管理部门决定暂停销售该食品，并向社会公布；仍然销售该食品的，由县级以上人民政府食品安全监督管理部门没收违法所得和违法销售的食品，并处二万元以上五万元以下罚款。

第一百四十一条 违反本法规定，编造、散布虚假食品安全信息，构成违反治安管理行为的，由公安机关依法给予治安管理处罚。

媒体编造、散布虚假食品安全信息的，由有关主管部门依法给予处罚，并对直接负责的主管人员和其他直接责任人员给予处分；使公民、法人或者其他组织的合法权益受到损害的，依法承担消除影响、恢复名誉、赔偿损失、赔礼道歉等民事责任。

第一百四十二条 违反本法规定，县级以上地方人民政府有下列行为之一的，对直接负责的主管人员和其他直接责任人员给予记大过处分；情节较重的，给予降级或者撤职处分；情节严重的，给予开除处分；造成严重后果的，其主要负责人还应当引咎辞职：

（一）对发生在本行政区域内的食品安全事故，未及时组织协调有关部门开展有效处置，造成不良影响或者损失；

（二）对本行政区域内涉及多环节的区域性食品安全问题，未及时组织整治，造成不良影响或者损失；

（三）隐瞒、谎报、缓报食品安全事故；

（四）本行政区域内发生特别重大食品安全事故，或者连续发生重大食品安全事故。

第一百四十三条 违反本法规定，县级以上地方人民政府有下列行为之一的，对直接负责的主管人员和其他直接责任人员给予警告、记过或者记大过处分；造成严重后果的，给予降级或者撤职处分：

（一）未确定有关部门的食品安全监督管理职责，未建立健全食品安全全程监督管理工作机制和信息共享机制，未落实食品安全监督管理责任制；

（二）未制定本行政区域的食品安全事故应急预案，或者发生食品安全事故后未按规定立即成立事故处置指挥机构、启动应急预案。

第一百四十四条 违反本法规定，县级以上人民政府食品安全监督管理、卫生行政、农业行政等部门有下列行为之一的，对直接负责的主管人员和其他直接责任人员给予记大过处分；情节较重的，给予降级或者撤职处分；情节严重的，给予开除处分；造成严重后果的，其主要负责人还应当引咎辞职：

（一）隐瞒、谎报、缓报食品安全事故；

（二）未按规定查处食品安全事故，或者接到食品安全事故报告未及时处理，造成事故扩大或者蔓延；

（三）经食品安全风险评估得出食品、食品添加剂、食品相关产品不安全结论后，未及时采取相应措施，造成食品安全事故或者不良社会影响；

（四）对不符合条件的申请人准予许可，或者超越法定职权准予许可；

（五）不履行食品安全监督管理职责，导致发生食品安全事故。

第一百四十五条 违反本法规定，县级以上人民政府食品安全监督管理、卫生行政、农业行政等部门有下列行为之一，造成不良后果的，对直接负责的主管人员和其他直接责任人员给予警告、记过或者记大过处分；情节较重的，给予降级或者撤职处分；情节严重的，给予开除处分：

（一）在获知有关食品安全信息后，未按规定向上级主管部门和本级人民政府报告，或者未按规定相互通报；

（二）未按规定公布食品安全信息；

（三）不履行法定职责，对查处食品安全违法行为不配合，或者滥用职权、玩忽职守、徇私舞弊。

第一百四十六条 食品安全监督管理等部门在履行食品安全监督管理职责过程中，违法实施检查、强制等执法措施，给生产经营者造成损失的，应当依法予以赔偿，对直接负责的主管人员和其他直接责任人员依法给予处分。

第一百四十七条 违反本法规定，造成人身、财产或者其他损害的，依法承担赔偿责任。生产经营者财产不足以同时承担民事赔偿责任和缴纳罚款、罚金时，先承担民事赔偿责任。

第一百四十八条　消费者因不符合食品安全标准的食品受到损害的，可以向经营者要求赔偿损失，也可以向生产者要求赔偿损失。接到消费者赔偿要求的生产经营者，应当实行首负责任制，先行赔付，不得推诿；属于生产者责任的，经营者赔偿后有权向生产者追偿；属于经营者责任的，生产者赔偿后有权向经营者追偿。

生产不符合食品安全标准的食品或者经营明知是不符合食品安全标准的食品，消费者除要求赔偿损失外，还可以向生产者或者经营者要求支付价款十倍或者损失三倍的赔偿金；增加赔偿的金额不足一千元的，为一千元。但是，食品的标签、说明书存在不影响食品安全且不会对消费者造成误导的瑕疵的除外。

第一百四十九条　违反本法规定，构成犯罪的，依法追究刑事责任。

第十章　附　则

第一百五十条　本法下列用语的含义：

食品，指各种供人食用或者饮用的成品和原料以及按照传统既是食品又是中药材的物品，但是不包括以治疗为目的的物品。

食品安全，指食品无毒、无害，符合应当有的营养要求，对人体健康不造成任何急性、亚急性或者慢性危害。

预包装食品，指预先定量包装或者制作在包装材料、容器中的食品。

食品添加剂，指为改善食品品质和色、香、味以及为防腐、保鲜和加工工艺的需要而加入食品中的人工合成或者天然物质，包括营养强化剂。

用于食品的包装材料和容器，指包装、盛放食品或者食品添加剂用的纸、竹、木、金属、搪瓷、陶瓷、塑料、橡胶、天然纤维、化学纤维、玻璃等制品和直接接触食品或者食品添加剂的涂料。

用于食品生产经营的工具、设备，指在食品或者食品添加剂生产、销售、使用过程中直接接触食品或者食品添加剂的机械、管道、传送带、容器、用具、餐具等。

用于食品的洗涤剂、消毒剂，指直接用于洗涤或者消毒食品、餐具、饮具以及直接接触食品的工具、设备或者食品包装材料和容器的物质。

食品保质期，指食品在标明的贮存条件下保持品质的期限。

食源性疾病，指食品中致病因素进入人体引起的感染性、中毒性等疾病，包括食物中毒。

食品安全事故，指食源性疾病、食品污染等源于食品，对人体健康有危害或者可能有危害的事故。

第一百五十一条 转基因食品和食盐的食品安全管理，本法未作规定的，适用其他法律、行政法规的规定。

第一百五十二条 铁路、民航运营中食品安全的管理办法由国务院食品安全监督管理部门会同国务院有关部门依照本法制定。

保健食品的具体管理办法由国务院食品安全监督管理部门依照本法制定。

食品相关产品生产活动的具体管理办法由国务院食品安全监督管理部门依照本法制定。

国境口岸食品的监督管理由出入境检验检疫机构依照本法以及有关法律、行政法规的规定实施。

军队专用食品和自供食品的食品安全管理办法由中央军事委员会依照本法制定。

第一百五十三条 国务院根据实际需要，可以对食品安全监督管理体制作出调整。

第一百五十四条 本法自2015年10月1日起施行。

附件2　重要的食品安全通用标准

中华人民共和国国家标准
GB 7718—2011

食品安全国家标准
预包装食品标签通则

2011-04-20 发布　　2012-04-20 实施
中华人民共和国卫生部　发布

前　言

本标准代替GB 7718—2004《预包装食品标签通则》。

本标准与GB 7718—2004 相比，主要变化如下：

——修改了适用范围；

——修改了预包装食品和生产日期的定义，增加了规格的定义，取消了保存期的定义；

——修改了食品添加剂的标示方式；

——增加了规格的标示方式；

——修改了生产者、经销者的名称、地址和联系方式的标示方式；

——修改了强制标示内容的文字、符号、数字的高度不小于1.8mm 时的包装物或包装容器的最大表面面积；

——增加了食品中可能含有致敏物质时的推荐标示要求；

——修改了附录A 中最大表面面积的计算方法；

——增加了附录B 和附录C。

食品安全国家标准
预包装食品标签通则

1 范围

本标准适用于直接提供给消费者的预包装食品标签和非直接提供给消费者的预包装食品标签。

本标准不适用于为预包装食品在储藏运输过程中提供保护的食品储运包装标签、散装食品和现制现售食品的标识。

2 术语和定义

2.1 预包装食品

预先定量包装或者制作在包装材料和容器中的食品，包括预先定量包装以及预先定量制作在包装材料和容器中并且在一定量限范围内具有统一的质量或体积标识的食品。

2.2 食品标签

食品包装上的文字、图形、符号及一切说明物。

2.3 配料

在制造或加工食品时使用的，并存在（包括以改性的形式存在）于产品中的任何物质，包括食品添加剂。

2.4 生产日期（制造日期）

食品成为最终产品的日期，也包括包装或灌装日期，即将食品装入（灌入）包装物或容器中，形成最终销售单元的日期。

2.5 保质期

预包装食品在标签指明的贮存条件下，保持品质的期限。在此期限内，产品完全适于销售，并保持标签中不必说明或已经说明的特有品质。

2.6 规格

同一预包装内含有多件预包装食品时，对净含量和内含件数关系的表述。

2.7 主要展示版面

预包装食品包装物或包装容器上容易被观察到的版面。

3 基本要求

3.1 应符合法律、法规的规定，并符合相应食品安全标准的规定。

3.2 应清晰、醒目、持久，应使消费者购买时易于辨认和识读。

3.3 应通俗易懂、有科学依据，不得标示封建迷信、色情、贬低其他食品或违背营养科学常识的内容。

3.4　应真实、准确，不得以虚假、夸大、使消费者误解或欺骗性的文字、图形等方式介绍食品，也不得利用字号大小或色差误导消费者。

3.5　不应直接或以暗示性的语言、图形、符号，误导消费者将购买的食品或食品的某一性质与另一产品混淆。

3.6　不应标注或者暗示具有预防、治疗疾病作用的内容，非保健食品不得明示或者暗示具有保健作用。

3.7　不应与食品或者其包装物（容器）分离。

3.8　应使用规范的汉字（商标除外）。具有装饰作用的各种艺术字，应书写正确，易于辨认。

3.8.1　可以同时使用拼音或少数民族文字，拼音不得大于相应汉字。

3.8.2　可以同时使用外文，但应与中文有对应关系（商标、进口食品的制造者和地址、国外经销者的名称和地址、网址除外）。所有外文不得大于相应的汉字(商标除外)。

3.9　预包装食品包装物或包装容器最大表面面积大于35 cm²时（最大表面面积计算方法见附录A），强制标示内容的文字、符号、数字的高度不得小于1.8 mm。

3.10　一个销售单元的包装中含有不同品种、多个独立包装可单独销售的食品，每件独立包装的食品标识应当分别标注。

3.11　若外包装易于开启识别或透过外包装物能清晰地识别内包装物（容器）上的所有强制标示内容或部分强制标示内容，可不在外包装物上重复标示相应的内容；否则应在外包装物上按要求标示所有强制标示内容。

4　标示内容

4.1　直接向消费者提供的预包装食品标签标示内容

4.1.1　一般要求

直接向消费者提供的预包装食品标签标示应包括食品名称、配料表、净含量和规格、生产者和（或）经销者的名称、地址和联系方式、生产日期和保质期、贮存条件、食品生产许可证编号、产品标准代号及其他需要标示的内容。

4.1.2　食品名称

4.1.2.1　应在食品标签的醒目位置，清晰地标示反映食品真实属性的专用名称。

4.1.2.1.1　当国家标准、行业标准或地方标准中已规定了某食品的一个或几个名称时，应选用其中的一个，或等效的名称。

4.1.2.1.2　无国家标准、行业标准或地方标准规定的名称时，应使用不使消费者误解或混淆的常用名称或通俗名称。

4.1.2.2 标示"新创名称""奇特名称""音译名称""牌号名称""地区俚语名称"或"商标名称"时，应在所示名称的同一展示版面标示4.1.2.1规定的名称。

4.1.2.2.1 当"新创名称""奇特名称""音译名称""牌号名称""地区俚语名称"或"商标名称"含有易使人误解食品属性的文字或术语（词语）时，应在所示名称的同一展示版面邻近部位使用同一字号标示食品真实属性的专用名称。

4.1.2.2.2 当食品真实属性的专用名称因字号或字体颜色不同易使人误解食品属性时，也应使用同一字号及同一字体颜色标示食品真实属性的专用名称。

4.1.2.3 为不使消费者误解或混淆食品的真实属性、物理状态或制作方法，可以在食品名称前或食品名称后附加相应的词或短语。如干燥的、浓缩的、复原的、熏制的、油炸的、粉末的、粒状的等。

4.1.3 配料表

4.1.3.1 预包装食品的标签上应标示配料表，配料表中的各种配料应按4.1.2的要求标示具体名称，食品添加剂按照4.1.3.1.4的要求标示名称。

4.1.3.1.1 配料表应以"配料"或"配料表"为引导词。当加工过程中所用的原料已改变为其他成分（如酒、酱油、食醋等发酵产品）时，可用"原料"或"原料与辅料"代替"配料""配料表"，并按本标准相应条款的要求标示各种原料、辅料和食品添加剂。加工助剂不需要标示。

4.1.3.1.2 各种配料应按制造或加工食品时加入量的递减顺序一一排列；加入量不超过2%的配料可以不按递减顺序排列。

4.1.3.1.3 如果某种配料是由两种或两种以上的其他配料构成的复合配料（不包括复合食品添加剂），应在配料表中标示复合配料的名称，随后将复合配料的原始配料在括号内按加入量的递减顺序标示。当某种复合配料已有国家标准、行业标准或地方标准，且其加入量小于食品总量的25%时，不需要标示复合配料的原始配料。

4.1.3.1.4 食品添加剂应当标示其在GB 2760中的食品添加剂通用名称。食品添加剂通用名称可以标示为食品添加剂的具体名称，也可标示为食品添加剂的功能类别名称并同时标示食品添加剂的具体名称或国际编码（INS号）（标示形式见附录B）。在同一预包装食品的标签上，应选择附录B中的一种形式标示食品添加剂。当采用同时标示食品添加剂的功能类别名称和国际编码的形式时，若某种食品添加剂尚不存在相应的国际编码，或因致敏物质标示需要，可以标示其具体名称。食品添加剂的名称不包括其制法。加入量小于食品总量25%的复合配料中含有的食品添加剂，若符合GB 2760规定的带入原则且在最终产品中不起工艺作用的，不需要标示。

4.1.3.1.5 在食品制造或加工过程中，加入的水应在配料表中标示。在加工过程中已挥发的水或其他挥发性配料不需要标示。

4.1.3.1.6　可食用的包装物也应在配料表中标示原始配料，国家另有法律法规规定的除外。

4.1.3.2　下列食品配料，可以选择按表1的方式标示。

表1　配料标示方式

配料类别	标示方式
各种植物油或精炼植物油，不包括橄榄油	"植物油"或"精炼植物油"；如经过氢化处理，应标示为"氢化"或"部分氢化"
各种淀粉，不包括化学改性淀粉	"淀粉"
加入量不超过2%的各种香辛料或香辛料浸出物（单一的或合计的）	"香辛料""香辛料类"或"复合香辛料"
胶基糖果的各种胶基物质制剂	"胶姆糖基础剂""胶基"
添加量不超过10%的各种果脯蜜饯水果	"蜜饯""果脯"
食用香精、香料	"食用香精""食用香料""食用香精香料"

4.1.4　配料的定量标示

4.1.4.1　如果在食品标签或食品说明书上特别强调添加了或含有一种或多种有价值、有特性的配料或成分，应标示所强调配料或成分的添加量或在成品中的含量。

4.1.4.2　如果在食品的标签上特别强调一种或多种配料或成分的含量较低或无时，应标示所强调配料或成分在成品中的含量。

4.1.4.3　食品名称中提及的某种配料或成分而未在标签上特别强调，不需要标示该种配料或成分的添加量或在成品中的含量。

4.1.5　净含量和规格

4.1.5.1　净含量的标示应由净含量、数字和法定计量单位组成（标示形式参见附录C）。

4.1.5.2　应依据法定计量单位，按以下形式标示包装物（容器）中食品的净含量：

a）液态食品，用体积升（L）（l）、毫升（mL）（ml），或用质量克（g）、千克（kg）；

b）固态食品，用质量克（g）、千克（kg）；

c）半固态或黏性食品，用质量克（g）、千克（kg）或体积升（L）（l）、毫升（mL）（ml）。

4.1.5.3　净含量的计量单位应按表2标示。

表2 净含量计量单位的标示方式

计量方式	净含量（Q）的范围	计量单位
体积	Q < 1000 mL Q ≥ 1000 mL	毫升（mL）（ml） 升（L）（1）
质量	Q < 1000 g Q ≥ 1000 g	克（g） 千克（kg）

4.1.5.4 净含量字符的最小高度应符合表3的规定。

表3 净含量字符的最小高度

净含量（Q）的范围	字符的最小高度/mm
Q ≤ 50 mL; Q ≤ 50g	2
50 mL < Q ≤ 200 mL; 50 g < Q ≤ 200g	3
200 mL < Q ≤ 1L; 200 g < Q ≤ 1 kg	4
Q > 1 kg; Q > 1 L	6

4.1.5.5 净含量应与食品名称在包装物或容器的同一展示版面标示。

4.1.5.6 容器中含有固、液两相物质的食品，且固相物质为主要食品配料时，除标示净含量外，还应以质量或质量分数的形式标示沥干物（固形物）的含量（标示形式参见附录C）。

4.1.5.7 同一预包装内含有多个单件预包装食品时，大包装在标示净含量的同时还应标示规格。

4.1.5.8 规格的标示应由单件预包装食品净含量和件数组成，或只标示件数，可不标示"规格"二字。单件预包装食品的规格即指净含量（标示形式参见附录C）。

4.1.6 生产者、经销者的名称、地址和联系方式

4.1.6.1 应当标注生产者的名称、地址和联系方式。生产者名称和地址应当是依法登记注册、能够承担产品安全质量责任的生产者的名称、地址。有下列情形之一的，应按下列要求予以标示。

4.1.6.1.1 依法独立承担法律责任的集团公司、集团公司的子公司，应标示各自的名称和地址。

4.1.6.1.2 不能依法独立承担法律责任的集团公司的分公司或集团公司的生产基地，应标示集团公司和分公司（生产基地）的名称、地址；或仅标示集团公司的名称、地址及产地，产地应当按照行政区划标注到地市级地域。

4.1.6.1.3 受其他单位委托加工预包装食品的，应标示委托单位和受委托单位的名称和地址；或仅标示委托单位的名称和地址及产地，产地应当按照行政区划标注到地市级地域。

4.1.6.2　依法承担法律责任的生产者或经销者的联系方式应标示以下至少一项内容：电话、传真、网络联系方式等，或与地址一并标示的邮政地址。

4.1.6.3　进口预包装食品应标示原产国国名或地区区名（如香港、澳门、台湾），以及在中国依法登记注册的代理商、进口商或经销者的名称、地址和联系方式，可不标示生产者的名称、地址和联系方式。

4.1.7　日期标示

4.1.7.1　应清晰标示预包装食品的生产日期和保质期。如日期标示采用"见包装物某部位"的形式，应标示所在包装物的具体部位。日期标示不得另外加贴、补印或篡改（标示形式参见附录C）。

4.1.7.2　当同一预包装内含有多个标示了生产日期及保质期的单件预包装食品时，外包装上标示的保质期应按最早到期的单件食品的保质期计算。外包装上标示的生产日期应为最早生产的单件食品的生产日期，或外包装形成销售单元的日期；也可在外包装上分别标示各单件装食品的生产日期和保质期。

4.1.7.3　应按年、月、日的顺序标示日期，如果不按此顺序标示，应注明日期标示顺序（标示形式参见附录C）。

4.1.8　贮存条件

预包装食品标签应标示贮存条件（标示形式参见附录C）。

4.1.9　食品生产许可证编号

预包装食品标签应标示食品生产许可证编号的，标示形式按照相关规定执行。

4.1.10　产品标准代号

在国内生产并在国内销售的预包装食品（不包括进口预包装食品）应标示产品所执行的标准代号和顺序号。

4.1.11　其他标示内容

4.1.11.1　辐照食品

4.1.11.1.1　经电离辐射线或电离能量处理过的食品，应在食品名称附近标示"辐照食品"。

4.1.11.1.2　经电离辐射线或电离能量处理过的任何配料，应在配料表中标明。

4.1.11.2　转基因食品

转基因食品的标示应符合相关法律、法规的规定。

4.1.11.3　营养标签

4.1.11.3.1　特殊膳食类食品和专供婴幼儿的主辅类食品，应当标示主要营养成分及其含量，标示方式按照GB 13432执行。

4.1.11.3.2　其他预包装食品如需标示营养标签，标示方式参照相关法规标准执行。

4.1.11.4 质量（品质）等级

食品所执行的相应产品标准已明确规定质量(品质)等级的，应标示质量(品质)等级。

4.2 非直接提供给消费者的预包装食品标签标示内容

非直接提供给消费者的预包装食品标签应按照4.1项下的相应要求标示食品名称、规格、净含量、生产日期、保质期和贮存条件，其他内容如未在标签上标注，则应在说明书或合同中注明。

4.3 标示内容的豁免

4.3.1 下列预包装食品可以免除标示保质期：酒精度大于等于10%的饮料酒；食醋；食用盐；固态食糖类；味精。

4.3.2 当预包装食品包装物或包装容器的最大表面面积小于10cm² 时（最大表面面积计算方法见附录A），可以只标示产品名称、净含量、生产者（或经销商）的名称和地址。

4.4 推荐标示内容

4.4.1 批号

根据产品需要，可以标示产品的批号。

4.4.2 食用方法

根据产品需要，可以标示容器的开启方法、食用方法、烹调方法、复水再制方法等对消费者有帮助的说明。

4.4.3 致敏物质

4.4.3.1 以下食品及其制品可能导致过敏反应，如果用作配料，宜在配料表中使用易辨识的名称，或在配料表邻近位置加以提示：

a）含有麸质的谷物及其制品（如小麦、黑麦、大麦、燕麦、斯佩耳特小麦或它们的杂交品系）；

b）甲壳纲类动物及其制品（如虾、龙虾、蟹等）；

c）鱼类及其制品；

d）蛋类及其制品；

e）花生及其制品；

f）大豆及其制品；

g）乳及乳制品（包括乳糖）；

h）坚果及其果仁类制品。

4.4.3.2   如加工过程中可能带入上述食品或其制品，宜在配料表邻近位置加以提示。

5 其他

按国家相关规定需要特殊审批的食品，其标签标识按照相关规定执行。

附录 A

包装物或包装容器最大表面面积计算方法

A.1　长方体形包装物或长方体形包装容器计算方法

长方体形包装物或长方体形包装容器的最大一个侧面的高度（cm）乘以宽度（cm）。

A.2　圆柱形包装物、圆柱形包装容器或近似圆柱形包装物、近似圆柱形包装容器计算方法

包装物或包装容器的高度（cm）乘以圆周长（cm）的 40%。

A.3　其他形状的包装物或包装容器计算方法

包装物或包装容器的总表面积的 40%。

如果包装物或包装容器有明显的主要展示版面，应以主要展示版面的面积为最大表面面积。

包装袋等计算表面面积时应除去封边所占尺寸。瓶形或罐形包装计算表面面积时不包括肩部、颈部、顶部和底部的凸缘。

附录 B

食品添加剂在配料表中的标示形式

B.1　按照加入量的递减顺序全部标示食品添加剂的具体名称

配料：水，全脂奶粉，稀奶油，植物油，巧克力（可可液块，白砂糖，可可脂，磷脂，聚甘油蓖麻醇酯，食用香精，柠檬黄），葡萄糖浆，丙二醇脂肪酸酯，卡拉胶，瓜尔胶，胭脂树橙，麦芽糊精，食用香料。

B.2　按照加入量的递减顺序全部标示食品添加剂的功能类别名称及国际编码

配料：水，全脂奶粉，稀奶油，植物油，巧克力[可可液块，白砂糖，可可脂，乳化剂（322，476），食用香精，着色剂（102）]，葡萄糖浆，乳化剂（477），增稠剂（407，412），着色剂（160b），麦芽糊精，食用香料。

B.3　按照加入量的递减顺序全部标示食品添加剂的功能类别名称及具体名称

配料：水，全脂奶粉，稀奶油，植物油，巧克力[可可液块，白砂糖，可可脂，乳化剂（磷脂，聚甘油蓖麻醇酯），食用香精，着色剂（柠檬黄）]，葡萄糖浆，乳化剂（丙二醇脂肪酸酯），增稠剂（卡拉胶，瓜尔胶），着色剂（胭脂树橙），麦芽糊精，食用香料。

B.4　建立食品添加剂项一并标示的形式

B.4.1　一般原则

直接使用的食品添加剂应在食品添加剂项中标注。营养强化剂、食用香精香料、胶基糖果中基础剂物质可在配料表的食品添加剂项外标注。非直接使用的食品添加剂不在

食品添加剂项中标注。食品添加剂项在配料表中的标注顺序由需纳入该项的各种食品添加剂的总重量决定。

B.4.2 全部标示食品添加剂的具体名称

配料：水，全脂奶粉，稀奶油，植物油，巧克力（可可液块，白砂糖，可可脂，磷脂，聚甘油蓖麻醇酯，食用香精，柠檬黄），葡萄糖浆，食品添加剂（丙二醇脂肪酸酯，卡拉胶，瓜尔胶，胭脂树橙），麦芽糊精，食用香料。

B.4.3 全部标示食品添加剂的功能类别名称及国际编码

配料：水，全脂奶粉，稀奶油，植物油，巧克力［可可液块，白砂糖，可可脂，乳化剂（322，476），食用香精，着色剂（102）］，葡萄糖浆，食品添加剂［乳化剂（477），增稠剂（407，412），着色剂（160b）］，麦芽糊精，食用香料。

B.4.4 全部标示食品添加剂的功能类别名称及具体名称

配料：水，全脂奶粉，稀奶油，植物油，巧克力［可可液块，白砂糖，可可脂，乳化剂（磷脂，聚甘油蓖麻醇酯），食用香精，着色剂（柠檬黄）］，葡萄糖浆，食品添加剂［乳化剂（丙二醇脂肪酸酯），增稠剂（卡拉胶，瓜尔胶），着色剂（胭脂树橙）］，麦芽糊精，食用香料。

附录C

部分标签项目的推荐标示形式

C.1 概述

本附录以示例形式提供了预包装食品部分标签项目的推荐标示形式，标示相应项目时可选用但不限于这些形式。如需要根据食品特性或包装特点等对推荐形式调整使用的，应与推荐形式基本含义保持一致。

C.2 净含量和规格的标示

为方便表述，净含量的示例统一使用质量为计量方式，使用冒号为分隔符。标签上应使用实际产品适用的计量单位，并可根据实际情况选择空格或其他符号作为分隔符，便于识读。

C.2.1 单件预包装食品的净含量（规格）可以有如下标示形式：

净含量（或净含量/规格）：450克；

净含量（或净含量/规格）：225克（200克+送25克）；

净含量（或净含量/规格）：200克+赠25克；

净含量（或净含量/规格）：（200+25）克。

C.2.2 净含量和沥干物（固形物）可以有如下标示形式（以"糖水梨罐头"为例）：

净含量（或净含量/规格）：425克沥干物（或固形物或梨块）：不低于255克（或不

低于60%）。

C.2.3　同一预包装内含有多件同种类的预包装食品时，净含量和规格均可以有如下标示形式：

净含量（或净含量/规格）：40克×5；

净含量（或净含量/规格）：5×40克；

净含量（或净含量/规格）：200克（5×40克）；

净含量（或净含量/规格）：200克（40克×5）；

净含量（或净含量/规格）：200克（5件）；

净含量：200克规格：5×40克；

净含量：200克规格：40克×5；

净含量：200克规格：5件；

净含量（或净含量/规格）：200克（100克+50克×2）；

净含量（或净含量/规格）：200克（80克×2+40克）；

净含量：200克规格：100克+50克×2；

净含量：200克规格：80克×2+40克。

C.2.4　同一预包装内含有多件不同种类的预包装食品时，净含量和规格可以有如下标示形式：

净含量（或净含量/规格）：200克（A产品40克×3，B产品40克×2）；

净含量（或净含量/规格）：200克（40克×3，40克×2）；

净含量（或净含量/规格）：100克A产品，50克×2B产品，50克C产品；

净含量（或净含量/规格）：A产品：100克，B产品：50克×2，C产品：50克；

净含量/规格：100克（A产品），50克×2（B产品），50克（C产品）；

净含量/规格：A产品100克，B产品50克×2，C产品50克。

C.3　日期的标示

日期中年、月、日可用空格、斜线、连字符、句点等符号分隔，或不用分隔符。年代号一般应标示4位数字，小包装食品也可以标示2位数字。月、日应标示2位数字。

日期的标示可以有如下形式：

2010年3月20日；

2010 03 20；　2010/03/20；　20100320；

20日3月2010年；　3月20日2010年；

（月/日/年）：03 20 2010；　03/20/2010；　03202010。

C.4　保质期的标示

保质期可以有如下标示形式：

最好在……之前食（饮）用；……之前食（饮）用最佳；……之前最佳；

此日期前最佳……；此日期前食（饮）用最佳……；

保质期（至）……；保质期××个月（或××日，或××天，或××周，或××年）。

C.5　贮存条件的标示

贮存条件可以标示"贮存条件""贮藏条件""贮藏方法"等标题，或不标示标题。

贮存条件可以有如下标示形式：

常温（或冷冻，或冷藏，或避光，或阴凉干燥处）保存；

××－×× ℃保存；

请置于阴凉干燥处；

常温保存，开封后需冷藏；

温度：≤××℃，湿度：≤×× %。

中华人民共和国国家标准

GB 28050—2011

食品安全国家标准
预包装食品营养标签通则

2011-10-12发布　2013-01-01实施

中华人民共和国卫生部　发布

食品安全国家标准
预包装食品营养标签通则

1　范围

本标准适用于预包装食品营养标签上营养信息的描述和说明。

本标准不适用于保健食品及预包装特殊膳食用食品的营养标签标示。

2　术语和定义

2.1　营养标签

预包装食品标签上向消费者提供食品营养信息和特性的说明，包括营养成分表、营养声称和营养成分功能声称。营养标签是预包装食品标签的一部分。

2.2　营养素

食物中具有特定生理作用，能维持机体生长、发育、活动、繁殖以及正常代谢所需的物质，包括蛋白质、脂肪、碳水化合物、矿物质及维生素等。

2.3　营养成分

食品中的营养素和除营养素以外的具有营养和（或）生理功能的其他食物成分。各营养成分的定义可参照GB/Z 21922《食品营养成分基本术语》。

2.4　核心营养素

营养标签中的核心营养素包括蛋白质、脂肪、碳水化合物和钠。

2.5　营养成分表

标有食品营养成分名称、含量和占营养素参考值（NRV）百分比的规范性表格。

2.6　营养素参考值（NRV）

专用于食品营养标签，用于比较食品营养成分含量的参考值。

2.7　营养声称

对食品营养特性的描述和声明，如能量水平、蛋白质含量水平。营养声称包括含量声称和比较声称。

2.7.1　含量声称

描述食品中能量或营养成分含量水平的声称。声称用语包括"含有""高""低"或"无"等。

2.7.2　比较声称

与消费者熟知的同类食品的营养成分含量或能量值进行比较以后的声称。声称用语包括"增加"或"减少"等。

2.8　营养成分功能声称

某营养成分可以维持人体正常生长、发育和正常生理功能等作用的声称。

2.9　修约间隔

修约值的最小数值单位。

2.10　可食部

预包装食品净含量去除其中不可食用的部分后的剩余部分。

3　基本要求

3.1　预包装食品营养标签标示的任何营养信息，应真实、客观，不得标示虚假信息，不得夸大产品的营养作用或其他作用。

3.2　预包装食品营养标签应使用中文。如同时使用外文标示的，其内容应当与中文相对应，外文字号不得大于中文字号。

3.3　营养成分表应以一个"方框表"的形式表示（特殊情况除外），方框可为任意尺寸，并与包装的基线垂直，表题为"营养成分表"。

3.4　食品营养成分含量应以具体数值标示，数值可通过原料计算或产品检测获得。各营养成分的营养素参考值（NRV）见附录 A。

3.5　营养标签的格式见附录 B，食品企业可根据食品的营养特性、包装面积的大小和形状等因素选择使用其中的一种格式。

3.6　营养标签应标在向消费者提供的最小销售单元的包装上。

4　强制标示内容

4.1　所有预包装食品营养标签强制标示的内容包括能量、核心营养素的含量值及其占营养素参考值（NRV）的百分比。当标示其他成分时，应采取适当形式使能量和核心营养素的标示更加醒目。

4.2　对除能量和核心营养素外的其他营养成分进行营养声称或营养成分功能声称时，在营养成分表中还应标示出该营养成分的含量及其占营养素参考值（NRV）的百分比。

4.3　使用了营养强化剂的预包装食品，除4.1的要求外，在营养成分表中还应标示强化后食品中该营养成分的含量值及其占营养素参考值（NRV）的百分比。

4.4　食品配料含有或生产过程中使用了氢化和（或）部分氢化油脂时，在营养成分表中还应标示出反式脂肪（酸）的含量。

4.5　上述未规定营养素参考值（NRV）的营养成分仅需标示含量。

5　可选择标示内容

5.1　除上述强制标示内容外，营养成分表中还可选择标示表1中的其他成分。

5.2　当某营养成分含量标示值符合表C.1的含量要求和限制性条件时，可对该成分进行含量声称，声称方式见表C.1。当某营养成分含量满足表C.3的要求和条件时，可对该成分进行比较声称，声称方式见表C.3。当某营养成分同时符合含量声称和比较声称的要求时，可以同时使用两种声称方式，或仅使用含量声称。含量声称和比较声称的同义语见表C.2和表C.4。

5.3　当某营养成分的含量标示值符合含量声称或比较声称的要求和条件时，可使用附录D中相应的一条或多条营养成分功能声称标准用语。不应对功能声称用语进行任何形式的删改、添加和合并。

6　营养成分的表达方式

6.1　预包装食品中能量和营养成分的含量应以每100克（g）和（或）每100毫升（mL）和（或）每份食品可食部中的具体数值来标示。当用份标示时，应标明每份食品的量。份的大小可根据食品的特点或推荐量规定。

6.2　营养成分表中强制标示和可选择性标示的营养成分的名称和顺序、标示单位、修约间隔、"0"界限值应符合表1的规定。当不标示某一营养成分时，依序上移。

6.3　当标示GB14880和卫生部公告中允许强化的除表1外的其他营养成分时，其排列顺序应位于表1所列营养素之后。

表1 能量和营养成分名称、顺序、表达单位、修约间隔和"0"界限值

能量和营养成分的名称和顺序	表达单位[a]	修约间隔	"0"界限值（每100 g或100 mL）[b]
能量	千焦（kJ）	1	≤17 kJ
蛋白质	克（g）	0.1	≤0.5 g
脂肪	克（g）	0.1	≤0.5 g
饱和脂肪（酸）	克（g）	0.1	≤0.1 g
反式脂肪（酸）	克（g）	0.1	≤0.3 g
单不饱和脂肪（酸）	克（g）	0.1	≤0.1 g
多不饱和脂肪（酸）	克（g）	0.1	≤0.1 g
胆固醇	毫克（mg）	1	≤5 mg
碳水化合物	克（g）	0.1	≤0.5 g
糖（乳糖[c]）	克（g）	0.1	≤0.5 g
膳食纤维（或单体成分，或可溶性、不可溶性膳食纤维）	克（g）	0.1	≤0.5 g
钠	毫克（mg）	1	≤5 mg
维生素A	微克视黄醇当量（μg RE）	1	≤8 μg RE
维生素D	微克（μg）	0.1	≤0.1 μg
维生素E	毫克α-生育酚当量（mg α-TE）	0.01	≤0.28 mg α-TE
维生素K	微克（μg）	0.1	≤1.6 μg
维生素B_1（硫胺素）	毫克（mg）	0.01	≤0.03 mg
维生素B_2（核黄素）	毫克（mg）	0.01	≤0.03 mg
维生素B_6	毫克（mg）	0.01	≤0.03 mg
维生素B_{12}	微克（μg）	0.01	≤0.05 μg
维生素C（抗坏血酸）	毫克（mg）	0.1	≤2.0 mg
烟酸（烟酰胺）	毫克（mg）	0.01	≤0.28 mg
叶酸	微克（μg）或微克叶酸当量（μg DFE）	1	≤8 μg
泛酸	毫克（mg）	0.01	≤0.10 mg
生物素	微克（μg）	0.1	≤0.6 μg
胆碱	毫克（mg）	0.1	≤9.0 mg
磷	毫克（mg）	1	≤14 mg
钾	毫克（mg）	1	≤20 mg
镁	毫克（mg）	1	≤6 mg
钙	毫克（mg）	1	≤8 mg

能量和营养成分的名称和顺序	表达单位 [a]	修约间隔	"0"界限值（每100 g或100 mL）[b]
铁	毫克（mg）	0.1	≤ 0.3 mg
锌	毫克（mg）	0.01	≤ 0.30 mg
碘	微克（μg）	0.1	≤ 3.0 μg
硒	微克（μg）	0.1	≤ 1.0 μg
铜	毫克（mg）	0.01	≤ 0.03 mg
氟	毫克（mg）	0.01	≤ 0.02 mg
锰	毫克（mg）	0.01	≤ 0.06 mg

a 营养成分的表达单位可选择表格中的中文或英文，也可以两者都使用。

b 当某营养成分含量数值≤ "0"界限值时，其含量应标示为 "0"；使用 "份"的计量单位时，也要同时符合每100　g或100 mL的 "0"界限值的规定。

c 在乳及乳制品的营养标签中可直接标示乳糖。

6.4　在产品保质期内，能量和营养成分含量的允许误差范围应符合表2的规定。

表2　能量和营养成分含量的允许误差范围

能量和营养成分	允许误差范围
食品的蛋白质，多不饱和及单不饱和脂肪（酸），碳水化合物、糖（仅限乳糖），总的、可溶性或不溶性膳食纤维及其单体，维生素（不包括维生素D、维生素A），矿物质（不包括钠），强化的其他营养成分	≥ 80 %标示值
食品中的能量以及脂肪、饱和脂肪（酸）、反式脂肪（酸），胆固醇，钠，糖（除外乳糖）	≤ 120 %标示值
食品中的维生素A和维生素D	80 % ~ 180 %标示值

7　豁免强制标示营养标签的预包装食品

下列预包装食品豁免强制标示营养标签：

—生鲜食品，如包装的生肉、生鱼、生蔬菜和水果、禽蛋等；

—乙醇含量≥0.5%的饮料酒类；

—包装总表面积≤100cm²或最大表面面积≤20cm²的食品；

—现制现售的食品；

—包装的饮用水；

—每日食用量≤10 g或10 mL的预包装食品；

—其他法律法规标准规定可以不标示营养标签的预包装食品。

豁免强制标示营养标签的预包装食品，如果在其包装上出现任何营养信息时，应按照本标准执行。

附录A

食品标签营养素参考值（NRV）及其使用方法

A.1 食品标签营养素参考值（NRV）

规定的能量和32种营养成分参考数值如表A.1所示。

表A.1 营养素参考值（NRV）

营养成分	NRV	营养成分	NRV
能量[a]	8400 kJ	叶酸	400 μg DFE
蛋白质	60 g	泛酸	5 mg
脂肪	≤60 g	生物素	30 μg
饱和脂肪酸	≤20 g	胆碱	450 mg
胆固醇	≤300 mg	钙	800 mg
碳水化合物	300 g	磷	700 mg
膳食纤维	25 g	钾	2000 mg
维生素A	800 μg RE	钠	2000 mg
维生素D	5 μg	镁	300 mg
维生素E	14 mg α-TE	铁	15 mg
维生素K	80 μg	锌	15 mg
维生素B_1	1.4 mg	碘	150 μg
维生素B_2	1.4 mg	硒	50 μg
维生素B_6	1.4 mg	铜	1.5 mg
维生素B_{12}	2.4 μg	氟	1 mg
维生素C	100 mg	锰	3 mg
烟酸	14 mg		

a 能量相当于2000kcal；蛋白质、脂肪、碳水化合物供能分别占总能量的13%、27%与60%。

A.2 使用目的和方式

用于比较和描述能量或营养成分含量的多少，使用营养声称和零数值的标示时，用作标准参考值。

使用方式为营养成分含量占营养素参考值（NRV）的百分数；指定NRV%的修约间隔为1，如1%、5%、16%等。

A.3　计算

营养成分含量占营养素参考值（NRV）的百分数计算公式见式（A.1）：

$$NRV\% = \frac{X}{NRV} \times 100\% \quad\cdots\cdots\cdots\cdots\cdots\cdots\cdots\cdots\cdots\cdots\cdots\cdots \quad (A.1)$$

式中：

X——食品中某营养素的含量；

NRV——该营养素的营养素参考值。

附录B

营养标签格式

B.1　本附录规定了预包装食品营养标签的格式。

B.2　应选择以下6种格式中的一种进行营养标签的标示。

B.2.1　仅标示能量和核心营养素的格式

仅标示能量和核心营养素的营养标签见示例1。

示例1：

营养成分表

项目	每100克（g）或100毫升（mL）或每份	营养素参考值% 或 NRV %
能量	千焦（kJ）	%
蛋白质	克（g）	%
脂肪	克（g）	%
碳水化合物	克（g）	%
钠	毫克（mg）	%

B.2.2　标注更多营养成分

标注更多营养成分的营养标签见示例2。

示例2：

营养成分表

项目	每100克（g）或100毫升（mL）或每份	营养素参考值% 或 NRV %
能量	千焦（kJ）	%
蛋白质	克（g）	%
脂肪	克（g）	%
——饱和脂肪	克（g）	%

续表

项目	每100克（g）或100毫升（mL）或每份	营养素参考值%或 NRV %
胆固醇	毫克（mg）	%
碳水化合物	克（g）	%
——糖	克（g）	%
膳食纤维	克(g)	%
钠	毫克（mg）	%
维生素A	微克视黄醇当量(μg RE)	%
钙	毫克（mg）	%

注：核心营养素应采取适当形式使其醒目。

B.2.3　附有外文的格式

附有外文的营养标签见示例3。

示例3：

营养成分表 nutrition information

项目/Items	每100克（g）或100毫升（mL）或每份 per 100 g/100 mL or per serving	营养素参考值 %/ NRV %
能量/energy	千焦（kJ）	%
蛋白质/protein	克（g）	%
脂肪/ fat	克（g）	%
碳水化合物/carbohydrate	克（g）	%
钠/ sodium	毫克（mg）	%

B.2.4　横排格式

横排格式的营养标签见示例4。

示例4：

营养成分表

项目	每100克（g）/毫升（mL）或每份	营养素参考值 %或 NRV %	项目	每100克（g）/毫升（mL）或每份	营养素参考值 %或 NRV %
能量	千焦（kJ）	%	碳水化合物	克（g）	%
蛋白质	克（g）	%	钠	毫克（mg）	%
脂肪	克（g）	%	—		%

注：根据包装特点，可将营养成分从左到右横向排开，分为两列或两列以上进行标示。

B.2.5 文字格式

包装的总面积小于100 cm²的食品，如进行营养成分标示，允许用非表格的形式，并可省略营养素参考值（NRV）的标示。根据包装特点，营养成分从左到右横向排开，或者自上而下排开，如示例5。

示例5：

营养成分/100g：能量××kJ，蛋白质××g，脂肪××g，碳水化合物××g，钠××mg。

B.2.6 附有营养声称和（或）营养成分功能声称的格式

附有营养声称和（或）营养成分功能声称的营养标签见示例6。

示例6：

营养成分表

项目	每100克（g）或100毫升（mL）或每份	营养素参考值%或NRV%
能量	千焦（kJ）	%
蛋白质	克（g）	%
脂肪	克（g）	%
碳水化合物	克（g）	%
钠	毫克（mg）	%

营养声称如：低脂肪××。

营养成分功能声称如：每日膳食中脂肪提供的能量比例不宜超过总能量的30%。

营养声称、营养成分功能声称可以在标签的任意位置。但其字号不得大于食品名称和商标。

附录C

能量和营养成分含量声称和比较声称的要求、条件和同义语

C.1 表C.1规定了预包装食品能量和营养成分含量声称的要求和条件。

C.2 表C.2规定了预包装食品能量和营养成分含量声称的同义语。

C.3 表C.3规定了预包装食品能量和营养成分比较声称的要求和条件。

C.4 表C.4规定了预包装食品能量和营养成分比较声称的同义语。

表C.1 能量和营养成分含量声称的要求和条件

项目	含量声称方式	含量要求[a]	限制性条件
能量	无能量	≤17 kJ/100 g（固体）或 100 mL（液体）	其中脂肪提供的能量≤总能量的50%。
	低能量	≤170 kJ/100 g固体 ≤80 kJ/100 mL液体	
蛋白质	低蛋白质	来自蛋白质的能量 <总能量的5 %	总能量指每 100 g/mL 或每份
	蛋白质来源，或含有蛋白质	每100 g的含量≥10 % NRV 每100 mL的含量≥5 % NRV 或者 每420 kJ的含量 ≥5 % NRV	
蛋白质	高，或富含蛋白质	每100 g的含量≥20 % NRV 每100 mL的含量 ≥10 % NRV 或者 每420 kJ的含量 ≥10 % NRV	
脂肪	无或不含脂肪	≤0.5 g/100 g（固体）或 100 mL（液体）	
	低脂肪	≤3 g/100 g固体；≤1.5 g/100 mL液体	
	瘦	脂肪含量 ≤10 %	仅指畜肉类和禽肉类
	脱脂	液态奶和酸奶：脂肪含量≤0.5 %； 乳　　　粉：脂肪含量≤1.5 %。	仅指乳品类
	无或不含饱和脂肪	≤0.1 g/100 g（固体）或 100 mL（液体）	指饱和脂肪及反式脂肪的总和
	低饱和脂肪	≤1.5 g/100 g固体 ≤0.75 g /100 mL液体	1.指饱和脂肪及反式脂肪的总和 2.其提供的能量占食品总能量的10%以下
	无或不含反式脂肪酸	≤0.3 g/100 g（固体）或 100 mL（液体）	
胆固醇	无或不含胆固醇	≤5 mg/100 g（固体）或 100 mL（液体）	应同时符合低饱和脂肪的声称含量要求和限制性条件
	低胆固醇	≤20m g /100 g固体 ≤10m g /100 mL液体	
碳水化合物（糖）	无或不含糖	≤ 0.5 g /100 g（固体）或 100 mL（液体）	
	低糖	≤ 5 g /100 g（固体）或 100 mL（液体）	
	低乳糖	乳糖含量 ≤ 2 g/100 g (mL)	仅指乳品类
	无乳糖	乳糖含量 ≤ 0.5 g/100 g (mL)	

续表

项目	含量声称方式	含量要求^a	限制性条件
膳食纤维	膳食纤维来源或含有膳食纤维	≥3 g/ 100 g（固体） ≥1.5 g/ 100 mL（液体）或 ≥1.5 g/ 420 kJ	膳食纤维总量符合其含量要求；或者可溶性膳食纤维、不溶性膳食纤维或单体成分任一项符合含量要求
	高或富含膳食纤维或良好来源	≥6 g/ 100 g（固体） ≥3 g/ 100 mL（液体）或 ≥3 g/ 420 kJ	
钠	无或不含钠	≤5 mg/100 g 或 100 mL	符合"钠"声称的声称时，也可用"盐"字代替"钠"字，如"低盐""减少盐"等
	极低钠	≤40 mg /100 g 或 100 mL	
	低钠	≤120 mg /100 g 或 100 mL	
维生素	维生素×来源或 含有维生素×	每100 g中 ≥15 % NRV 每100 mL中 ≥7.5 % NRV 或 每420 kJ中 ≥5 % NRV	富含"多种维生素"指3种和（或）3种以上维生素含量符合"富含"的声称要求
	高或富含维生素×	每100 g中 ≥30 % NRV 每100 mL中 ≥15 % NRV 或 每420 kJ中 ≥10 % NRV	
矿物质（不包括钠）	×来源，或含有×	每100 g中 ≥15 % NRV 每100 mL中 ≥7.5 % NRV 或 每420 kJ中 ≥5 % NRV	富含"多种矿物质"指3种和（或）3种以上矿物质含量符合"富含"的声称要求
	高，或富含×	每100 g中 ≥30 % NRV 每100 mL中 ≥15 % NRV 或 每420 kJ中 ≥10 % NRV	

a 用"份"作为食品计量单位时，也应符合100 g（mL）的含量要求才可以进行声称。

表C.2　含量声称的同义语

标准语	同义语	标准语	同义语
不含，无	零（0），没有，100 %不含，无，0 %	含有，来源	提供，含，有
极低	极少	富含，高	良好来源，含丰富××、丰富（的）××，提供高（含量）××
低	少、少油^a		

a "少油"仅用于低脂肪的声称。

表C.3　能量和营养成分比较声称的要求和条件

比较声称方式	要求	条件
减少能量	与参考食品比较，能量值减少25%以上	参考食品（基准食品）应为消费者熟知、容易理解的同类或同一属类食品
增加或减少蛋白质	与参考食品比较，蛋白质含量增加或减少25%以上	
减少脂肪	与参考食品比较，脂肪含量减少25%以上	
减少胆固醇	与参考食品比较，胆固醇含量减少25%以上	
增加或减少碳水化合物	与参考食品比较，碳水化合物含量增加或减少25%以上	
减少糖	与参考食品比较，糖含量减少25%以上	
增加或减少膳食纤维	与参考食品比较，膳食纤维含量增加或减少25%以上	
减少钠	与参考食品比较，钠含量减少25%以上	
增加或减少矿物质（不包括钠）	与参考食品比较，矿物质含量增加或减少25%以上	
增加或减少维生素	与参考食品比较，维生素含量增加或减少25%以上	

表C.4　比较声称的同义语

标准语	同义语	标准语	同义语
增加	增加×%（×倍）	减少	减少×%（×倍）
	增、增×%（×倍）		减、减×%（×倍）
	加、加×%（×倍）		少、少×%（×倍）
	增高、增高（了）×%（×倍）		减低、减低×%（×倍）
增加	添加（了）×%（×倍）	减少	降×%（×倍）
	多×%，提高×倍等		降低×%（×倍）等

附录D

能量和营养成分功能声称标准用语

D.1　本附录规定了能量和营养成分功能声称标准用语。

D.2　能量

人体需要能量来维持生命活动。

机体的生长发育和一切活动都需要能量。

适当的能量可以保持良好的健康状况。

能量摄入过高、缺少运动与超重和肥胖有关。

D.3　蛋白质

蛋白质是人体的主要构成物质并提供多种氨基酸。

蛋白质是人体生命活动中必需的重要物质，有助于组织的形成和生长。

蛋白质有助于构成或修复人体组织。

蛋白质有助于组织的形成和生长。

蛋白质是组织形成和生长的主要营养素。

D.4　脂肪

脂肪提供高能量。

每日膳食中脂肪提供的能量比例不宜超过总能量的30%。

脂肪是人体的重要组成成分。

脂肪可辅助脂溶性维生素的吸收。

脂肪提供人体必需脂肪酸。

D.4.1　饱和脂肪

饱和脂肪可促进食品中胆固醇的吸收。

饱和脂肪摄入过多有害健康。

过多摄入饱和脂肪可使胆固醇增高，摄入量应少于每日总能量的10%。

D.4.2　反式脂肪酸

每天摄入反式脂肪酸不应超过2.2g，过多摄入有害健康。

反式脂肪酸摄入量应少于每日总能量的1%，过多摄入有害健康。

过多摄入反式脂肪酸可使血液胆固醇增高，从而增加心血管疾病发生的风险。

D.5　胆固醇

成人一日膳食中胆固醇摄入总量不宜超过300mg。

D.6　碳水化合物

碳水化合物是人类生存的基本物质和能量主要来源。

碳水化合物是人类能量的主要来源。

碳水化合物是血糖生成的主要来源。

膳食中碳水化合物应占能量的60%左右。

D.7　膳食纤维

膳食纤维有助于维持正常的肠道功能。

膳食纤维是低能量物质。

D.8　钠

钠能调节机体水分，维持酸碱平衡。

成人每日食盐的摄入量不超过6g。

钠摄入过高有害健康。

D.9　维生素A

维生素A有助于维持暗视力。

维生素A有助于维持皮肤和黏膜健康。

D.10　维生素D

维生素D可促进钙的吸收。

维生素D有助于骨骼和牙齿的健康。

维生素D有助于骨骼形成。

D.11　维生素E

维生素E有抗氧化作用。

D.12　维生素B1

维生素B1是能量代谢中不可缺少的成分。

维生素B1有助于维持神经系统的正常生理功能。

D.13　维生素B2

维生素B2有助于维持皮肤和黏膜健康。

维生素B2是能量代谢中不可缺少的成分。

D.14　维生素B6

维生素B6有助于蛋白质的代谢和利用。

D.15　维生素B12

维生素B12有助于红细胞形成。

D.16　维生素C

维生素C有助于维持皮肤和黏膜健康。

维生素C有助于维持骨骼、牙龈的健康。

维生素C可以促进铁的吸收。

维生素C有抗氧化作用。

D.17　烟酸

烟酸有助于维持皮肤和黏膜健康。

烟酸是能量代谢中不可缺少的成分。

烟酸有助于维持神经系统的健康。

D.18　叶酸

叶酸有助于胎儿大脑和神经系统的正常发育。

叶酸有助于红细胞形成。

叶酸有助于胎儿正常发育。

D.19 泛酸

泛酸是能量代谢和组织形成的重要成分。

D.20 钙

钙是人体骨骼和牙齿的主要组成成分，许多生理功能也需要钙的参与。

钙是骨骼和牙齿的主要成分，并维持骨密度。

钙有助于骨骼和牙齿的发育。

钙有助于骨骼和牙齿更坚固。

D.21 镁

镁是能量代谢、组织形成和骨骼发育的重要成分。

D.22 铁

铁是血红细胞形成的重要成分。

铁是血红细胞形成的必需元素。

铁对血红蛋白的产生是必需的。

D.23 锌

锌是儿童生长发育的必需元素。

锌有助于改善食欲。

锌有助于皮肤健康。

D.24 碘

碘是甲状腺发挥正常功能的元素。

中华人民共和国国家标准

GB 31621—2014

食品安全国家标准
食品经营过程卫生规范

2014-12-24发布　　2015-05-24实施

中华人民共和国国家卫生和计划生育委员会　　发布

食品安全国家标准
食品经营过程卫生规范

1　范围

本标准规定了食品采购、运输、验收、贮存、分装与包装、销售等经营过程中的食品安全要求。

本标准适用于各种类型的食品经营活动。

本标准不适用于网络食品交易、餐饮服务、现制现售的食品经营活动。

2　采购

2.1　采购食品应依据国家相关规定查验供货者的许可证和食品合格证明文件，并建立合格供应商档案。

2.2　实行统一配送经营方式的食品经营企业，可以由企业总部统一查验供货者的许可证和食品合格证明文件，进行食品进货查验记录。

2.3　采购散装食品所使用的容器和包装材料应符合国家相关法律法规及标准的要求。

3　运输

3.1　运输食品应使用专用运输工具，并具备防雨、防尘设施。

3.2　根据食品安全相关要求，运输工具应具备相应的冷藏、冷冻设施或预防机械性损伤的保护性设施等，并保持正常运行。

3.3　运输工具和装卸食品的容器、工具和设备应保持清洁和定期消毒。

3.4　食品运输工具不得运输有毒有害物质，防止食品污染。

3.5　运输过程操作应轻拿轻放，避免食品受到机械性损伤。

3.6　食品在运输过程中应符合保证食品安全所需的温度等特殊要求。

3.7　应严格控制冷藏、冷冻食品装卸货时间，装卸货期间食品温度升高幅度不超过 3 ℃。

3.8　同一运输工具运输不同食品时，应做好分装、分离或分隔，防止交叉污染。

3.9　散装食品应采用符合国家相关法律法规及标准的食品容器或包装材料进行密封包装后运输，防止运输过程中受到污染。

4　验收

4.1　应依据国家相关法律法规及标准，对食品进行符合性验证和感官抽查，对有温度控制要求的食品应进行运输温度测定。

4.2　应查验食品合格证明文件，并留存相关证明。食品相关文件应属实且与食品有直接对应关系。具有特殊验收要求的食品，需按照相关规定执行。

4.3　应如实记录食品的名称、规格、数量、生产日期、保质期、进货日期以及供货者的名称、地址及联系方式等信息。记录、票据等文件应真实，保存期限不得少于食品保质期满后 6 个月；没有明确保质期的，保存期限不得少于两年。

4.4　食品验收合格后方可入库。不符合验收标准的食品不得接收，应单独存放，做好标记并尽快处理。

5　贮存

5.1　贮存场所应保持完好、环境整洁，与有毒、有害污染源有效分隔。

5.2　贮存场所地面应做到硬化，平坦防滑并易于清洁、消毒，并有适当的措施防止积水。

5.3　应有良好的通风、排气装置，保持空气清新无异味，避免日光直接照射。

5.4　对温度、湿度有特殊要求的食品，应确保贮存设备、设施满足相应的食品安全要求，冷藏库或冷冻库外部具备便于监测和控制的设备仪器，并定期校准、维护，确保准确有效。

5.5　贮存的物品应与墙壁、地面保持适当距离，防止虫害藏匿并利于空气流通。

5.6　生食与熟食等容易交叉污染的食品应采取适当的分隔措施，固定存放位置并明确标识。

5.7　贮存散装食品时，应在贮存位置标明食品的名称、生产日期、保质期、生产者名称及联系方式等内容。

5.8　应遵循先进先出的原则，定期检查库存食品，及时处理变质或超过保质期的食品。

5.9　贮存设备、工具、容器等应保持卫生清洁，并采取有效措施（如纱帘、纱网、防鼠板、防蝇灯、风幕等）防止鼠类昆虫等侵入，若发现有鼠类昆虫等痕迹时，应追查来源，消除隐患。

5.10　采用物理、化学或生物制剂进行虫害消杀处理时，不应影响食品安全，不应污染食品接触表面、设备、工具、容器及包装材料；不慎污染时，应及时彻底清洁，消除污染。

5.11　清洁剂、消毒剂、杀虫剂等物质应分别包装，明确标识，并与食品及包装材料分隔放置。

5.12　应记录食品进库、出库时间和贮存温度及其变化。

6　销售

6.1　应具有与经营食品品种、规模相适应的销售场所。销售场所应布局合理，食品经营区域与非食品经营区域分开设置，生食区域与熟食区域分开，待加工食品区域与直接入口食品区域分开，经营水产品的区域应与其他食品经营区域分开，防止交叉污染。

6.2　应具有与经营食品品种、规模相适应的销售设施和设备。与食品表面接触的设备、工具和容器，应使用安全、无毒、无异味、防吸收、耐腐蚀且可承受反复清洗和消毒的材料制作，易于清洁和保养。

6.3　销售场所的建筑设施、温度湿度控制、虫害控制的要求应参照5.1～5.5、5.9、5.10的相关规定。

6.4　销售有温度控制要求的食品，应配备相应的冷藏、冷冻设备，并保持正常运转。

6.5　应配备设计合理、防止渗漏、易于清洁的废弃物存放专用设施，必要时应在适当地点设置废弃物临时存放设施，废弃物存放设施和容器应标识清晰并及时处理。

6.6　如需在裸露食品的正上方安装照明设施，应使用安全型照明设施或采取防护措施。

6.7　肉、蛋、奶、速冻食品等容易腐败变质的食品应建立相应的温度控制等食品安全控制措施并确保落实执行。

6.8　销售散装食品，应在散装食品的容器、外包装上标明食品的名称、成分或者配料表、生产日期、保质期、生产经营者名称及联系方式等内容，确保消费者能够得到明确和易于理解的信息。散装食品标注的生产日期应与生产者在出厂时标注的生产日期一致。

6.9　在经营过程中包装或分装的食品，不得更改原有的生产日期和延长保质期。包装或分装食品的包装材料和容器应无毒、无害、无异味，应符合国家相关法律法规及标准的要求。

6.10　从事食品批发业务的经营企业销售食品，应如实记录批发食品的名称、规格、数量、生产日期或者生产批号、保质期、销售日期以及购货者名称、地址、联系方式等内容，并保存相关票据。记录和凭证保存期限不得少于食品保质期满后 6 个月；没有明确保质期的，保存期限不得少于两年。

7　产品追溯和召回

7.1　当发现经营的食品不符合食品安全标准时，应立即停止经营，并有效、准确地通知相关生产经营者和消费者，并记录停止经营和通知情况。

7.2　应配合相关食品生产经营者和食品安全主管部门进行相关追溯和召回工作，避免或减轻危害。

7.3　针对所发现的问题，食品经营者应查找各环节记录、分析问题原因并及时改进。

8　卫生管理

8.1　食品经营企业应根据食品的特点以及经营过程的卫生要求，建立对保证食品安全具有显著意义的关键控制环节的监控制度，确保有效实施并定期检查，发现问题及时纠正。

8.2　食品经营企业应制定针对经营环境、食品经营人员、设备及设施等的卫生监控制度，确立内部监控的范围、对象和频率。记录并存档监控结果，定期对执行情况和效果进行检查，发现问题及时纠正。

8.3　食品经营人员应符合国家相关规定对人员健康的要求，进入经营场所应保持个人卫生和衣帽整洁，防止污染食品。

8.4　使用卫生间、接触可能污染食品的物品后，再次从事接触食品、食品工具、容器、食品设备、包装材料等与食品经营相关的活动前，应洗手消毒。

8.5　在食品经营过程中，不应饮食、吸烟、随地吐痰、乱扔废弃物等。

8.6　接触直接入口或不需清洗即可加工的散装食品时应戴口罩、手套和帽子，头发不应外露。

9　培训

9.1　食品经营企业应建立相关岗位的培训制度，对从业人员进行相应的食品安全知识培训。

9.2 食品经营企业应通过培训促进各岗位从业人员遵守国家相关法律法规及标准，增强执行各项食品安全管理制度的意识和责任，提高相应的知识水平。

9.3 食品经营企业应根据不同岗位的实际需求，制定和实施食品安全年度培训计划并进行考核，做好培训记录。当食品安全相关的法规及标准更新时，应及时开展培训。

9.4 应定期审核和修订培训计划，评估培训效果，并进行常规检查，以确保培训计划的有效实施。

10 管理制度和人员

10.1 食品经营企业应配备食品安全专业技术人员、管理人员，并建立保障食品安全的管理制度。

10.2 食品安全管理制度应与经营规模、设备设施水平和食品的种类特性相适应，应根据经营实际和实施经验不断完善食品安全管理制度。

10.3 各岗位人员应熟悉食品安全的基本原则和操作规范，并有明确职责和权限报告经营过程中出现的食品安全问题。

10.4 管理人员应具有必备的知识、技能和经验，能够判断潜在的危险，采取适当的预防和纠正措施，确保有效管理。

11 记录和文件管理

11.1 应对食品经营过程中采购、验收、贮存、销售等环节详细记录。记录内容应完整、真实、清晰、易于识别和检索，确保所有环节都可进行有效追溯。

11.2 应如实记录发生召回的食品名称、批次、规格、数量、发生召回的原因及后续整改方案等内容。

11.3 应对文件进行有效管理，确保各相关场所使用的文件均为有效版本。

11.4 鼓励采用先进技术手段（如电子计算机信息系统），进行记录和文件管理。